iBeacon & Eddystone

統計・防災・位置情報が
ひと目でわかる

ビーコンアプリの作り方

市川博康　竹田寛郁 著

技術評論社

本書のサンプルソースについて

本書のPart2：実装編で掲載しているサンプルソース（iOS版とAndroid版）は、次の環境で開発・動作確認しています。

- Mac
- OS X El Capitan（Version 10.11.3）
- Xcode（Version 7.2.1）
- Swift 2.1.1
- Android Studio（Version 2.1 Preview 1）

本書の刊行後に、これらがバージョンアップされることによって、文法や表記方法が変更になることも予想されます。つきましては、本書サポートページにて、各種注意点などをまとめますので、ご参照ください。

▶本書サポートページ

http://gihyo.jp/book/2016/978-4-7741-8037-3

はじめに

Apple社は2013年にリリースしたiOS7にiBeaconを標準機能として搭載しました。また、2015年にはGoogle社がEddystoneを発表しました。どちらも「BLE」（Bluetooth Low Energy）を活用したビーコン規格です。AppleとGoogleというIT業界のトップにいる企業がほぼ同時期に提供を始めたということで、ビーコンは一躍注目を集めることになりました。

かつて、社会インフラと呼ばれるシステムの多くは、大規模で複雑で、かつ高コストが当たり前でした。しかし、スマートフォンが高性能化し、広く一般に普及したことで、社会インフラを支えるシステムも変化を迎えるときが近づいています。その変化の要因の1つに「ビーコン技術」を挙げられます。ビーコンは、簡単、シンプル、そして低コストです。

ビーコン＋スマートフォン（アプリ）という、ビーコンを活用したシステムが増えていくことによって、新しい社会インフラが構築される可能性を秘めています。

O2O（Online to Offline）やIoT（Internet of Things）の分野では「ICタグ」や「NFC」（近距離無線通信技術）などが普及しています。ICタグやNFCとビーコンの技術を単純に比較することはできませんが、ビーコンはこれらの技術の発展形の1つと言えます。

ビーコンは標準的な技術であるBluetoothを活用しているため、ICタグのような専用リーダーを必要とせずスマートフォンやタブレットから利用でき、またNFCのように近距離で利用できるだけでなく、近距離から約100mの広範囲で使用することが可能です。

著者らがビーコンに興味を持ち、ビーコンを活用するサービスを構築しようと始めてから約2年が経ちました。シンプルすぎる仕様のビーコンに触れ、何かすごいものができそうな予感はあったものの、シンプル過ぎるがゆえにどう使えばいいのか、かなりの回り道と失敗を繰り返してきました。最近になってやっと「ビーコンで何ができるのか」「ビーコンをどう使えばいいのか」ということがわかってきたような気がします。

本書を執筆している間にも、東京都内を走るタクシーに1万個を超えるビーコンが設置されることが発表され、また筆者の元にも野鳥の生態観察にビーコンを応用できないかという相談も届きました。これまでのO2OやIoTという枠には収まらない活用の広さがビーコンの魅力だと言えます。

本書が、あなたの周りにある課題や問題に対して「ビーコンで解決できるかも？」というアイデアが浮かんでくるための一助となれば幸いです。ビーコンを活用した新しい「わくわく」するサービスが、多くの人の働きによって世に生まれ、楽しく安全な社会となるよう一緒に作っていきましょう。

2016年3月
市川博康
竹田寛郁

本書を活用するために

本書の構成

本書は、大きく4つのパートに分かれており、テーマごとに複数の章で構成されています。スマホアプリのプログラムを詳細に説明しているパートもあり、読者によっては自分には関係なさそうな内容に感じるかもしれません。まずは、ご自分の関心のあるテーマについて、パートごとに読んでいただけたらと思います。

◆Part1：基本編

ビーコンに関する基礎的な知識について説明しています。「iBeacon」や「Eddystone」の仕組みや仕様など、ビーコンそのものについて知りたいという方はお読みください。

◆Part2：実装編

ビーコンを利用するスマホアプリをどうやって作るのかということを、実際のプログラムの実装例を交えて具体的に解説しています。iOS向けに「Swift」、Android向けに「Java」を使ったプログラムを掲載しているので、ソースコードを読んで作り方を理解したいという開発エンジニア向けの内容になっています。

また、第6章では体験アプリ「Beacon入門」で記録したログで「CartoDB」という地図サービスを使って可視化しています。こちらの章は、開発エンジニアの方ではなくても試してみることができます。

◆Part3：活用編

ビーコンのメリット／デメリットを踏まえたうえで、今後ビーコンをどのように活用していくべきか、あるいはすでにどのようなところで活用され始めているかを実例を交えて解説しています。ビーコンを使ったサービスやシステムを検討されている方にとってアイデアのヒントとなるでしょう。

◆Part4：実用編

ビーコンが今後、社会インフラとして活用されるには、あるいはさらに大きく発展するためにはどのようになるべきかについて書かれています。ビーコンを活用したサービスによって収集されるデータの活用方法などについて興味がある方はお読みください。

想定する読者

◆iBeaconに興味のある方

iBeaconに興味をお持ちの方であれば、すでにいろいろとご存じかもしれませんが、ぜひPart1から順番に読み進めてください。開発エンジニアでなければ、Part2のソースコードは斜め読みでもかまいませんが、「Beacon入門」アプリを実行しながら読んでいただければ、iBeaconデバイスをスマートフォンアプリから、どのように扱えるのかが理解できると思います。

また、Part3とPart4を読むとビーコンを活用するためのヒントが得られます。Part3に書かれた内容は、ブレインストーミングのヒントとしても活用できます。

◆iBeacon対応アプリを開発しようと考えている開発者

本書は、Swiftを使ってiOSアプリを開発している方、またはAndroid Studioを使ってAndroidアプリを開発している方に向けて、iBeacon対応アプリの実装方法にフォーカスを当てて説明をしています。

iOSまたはAndroid上で実際に動かせられる「Beacon入門」アプリを操作しながら、どのようにiBeaconを扱うことができるかについて、なるべくシンプルに理解できるよう開発しました。

本書はアプリ開発の一般的な入門書ではないので、画面の処理などについてはほとんど触れていませんが、iBeaconに関するコーディング部分については、省略せずに実際のソースコードを掲載しています。また、アプリ開発者の方であれば、Part3とPart4を読むと、新しいアプリについてのアイデアやヒントも得られるでしょう。

◆iBeaconを活用した事業を考えている方

iBeaconを活用した事業を考えている方であれば、すでにiBeaconを含めたビーコン技術について調査や研究をしていることでしょう。このような方は、iBeaconを活用して解決したいと思っている課題があるものと想像できます。

Part1から読み進めていただくと、「iBeaconを使って何ができるのか? また何ができないのか?」ということや、ビーコン技術、ログの可視化についても理解が深まっていくと思います。これらについての理解が深まれば、課題の答えに繋がるヒントが見つかるかもしれません。

すべての読者の方にお願いしたいのは、実際に「ビーコンを体験」をしていただきたいということです。iBeaconという新しい技術を活用したアプリを開発する際に、体験を通じビーコンという技術のシンプルさ、応用性の高さを深く知ることができると思います。

体験アプリについて

iBeaconを扱う基本的な機能を手軽に体験、さらにはアプリの動作ログを可視化を体験できるよう、「Beacon入門」アプリを用意しました。iOS版、Android版の両方が無料でダウンロードできますので、お手持ちのスマートフォンにインストールして実行してみてください。

体験アプリの入手方法や使用方法は、Appendix 1で詳しく説明しています。

◆体験アプリの動作環境

・iOS版

iOS 8.0以降がインストールされたiOS端末(iPhone、iPad、iPod Touch)

・Android版

Android 4.3以降がインストールされたBLE、GPSをサポートしているAndroid端末。お手持ちのAndroid端末がBLE、GPSをサポートしているかどうかは、メーカーのホームページなどにてご確認ください。

iBeaconやEddystoneの入手方法

第2章と第3章の章末にそれぞれ「iBeacon」と「Eddystone」を入手できるメーカーを列挙しています。こちらにお問い合わせください。なお、ビーコンの入手が難しい方には、iPhoneまたはMacからiBeacon信号を発信する方法を解説しています。

本書で使用する開発環境について

本書で解説している「Beacon入門」アプリは以下の環境で開発し、動作確認を行っています。

・Mac
・OS X El Capitan (バージョン 10.11.3)
・Xcode (Version 7.2.1)
・Swift 2.1.1
・Android Studio (Version 2.1 Preview 1)

ビーコンアプリを開発してみたい方は、上記の環境を参考にして開発環境をご用意ください。

Contents

Appendix

Part1 基本編

第1章 ビーコンの基礎

まずは、ビーコンとは何かから学んでいきましょう。ビーコンと呼ばれるものは、広義にはiBeaconやEddystoneだけを指すものではありません。本章では、ビーコンの基礎から、iBeaconやEddystoneがなぜ今注目されているのかまでを説明します。

1.1 はじめに

スマートフォンが普及したことによって、スマートフォンのアプリと連携したさまざまなサービスも広く普及してきました。最近では、実用的なサービスも増えてきており、仕事、趣味、日常生活でも、アプリを活用する場面が増えてきていることが実感できると思います。

いろいろなアプリやサービスがある中でも、特に、位置情報を使ったサービスは、スマートフォンの利用者であれば、誰でも一度は使ったことがあるのではないでしょうか？ 出張や旅行で知らない町に行ってお店を探すとき、雑誌やメディアで取り上げられた話題のお店を探すときなど、さまざまなシーンで、地図アプリや経路の検索アプリ、飲食店などを紹介するアプリなど位置情報を使ったサービスが利用されています。

さらに、SNSや写真投稿サイトのような情報共有のためのアプリや、今いる場所でのゲリラ豪雨の接近を知らせるアプリのような防災・減災のためのアプリなどでも位置情報が活用されています。

最近、これらのような位置情報を活用したアプリやサービスの分野で、iBeacon（アイビーコン）やEddystone（エディストーン）などのビーコンデバイスが注目されています。

本章では、「ビーコン」という言葉の意味、ビーコンの種類、位置情報とビーコンの関係などを通して、「ビーコン」とは、どういうものかを説明していきます。

1.2 ビーコンとは

「ビーコン（Beacon）」を英和辞典で引くと「のろし」や「かがり火」と訳されます。のろしは、物を燃やすことで煙を上げます。かがり火は炎そのものを使います。のろしの目的は、煙や炎を使って、離れた場所にいる人に情報や意志を伝えることです。

のろしや、かがり火を使って情報や意志を伝達するには、あらかじめ、ルールを決めておく必要があります。例えば、のろしであれば「煙が上がった方向に獲物がいた」、かがり火であれば「2つ灯ったら敵が接近してきた」「3つ灯ったら敵が逃げた」のように、かがり火の数によって、なんらかの意味を持たせるなどです。

このようにルールに従い情報を発信することにより、離れた場所にいる人が、それを見たときに、情報を正しく受け取ることができます。

現代において「ビーコン」は、「無線標識」を指す言葉として使われます。無線標識は、置かれた場所から特定の電波、電磁波、光などを発し、それを受信した航空機や船舶に位置や方向を知らせます。航空機や船舶が使用している無線標識では、地上の無線標識局から一方的に電波を発信し、航空機や船舶はその電波を受信して位置や方位、方向などを割り出します。

つまり、ビーコン（Beacon）は、煙、炎、電波、光など（手段）を用いて、遠く離れた相手（人、モノ）に一方的に情報を発信し、それを受け取った側が情報を処理するような仕組みである言えます。

1.3 身近なビーコンの例

無線標識以外にも、世の中には、ビーコンと名のつく仕組みが活用されています。身近な例として「道路交通分野」や「登山や山スキー」が挙げられます。

道路交通分野

道路交通分野では、道路交通情報通信システム（VICS（ビックス）；Vehicle Information and Communication System）で、「電波ビーコン」や「光ビーコン」と呼ばれるビーコンが活用されています。

道路上に設置されたビーコンから電波や赤外線を使って、渋滞、通行止め、所要時間などの情報を発信しています。このビーコンから発信された情報を、自動車に備え付けられたビーコンユニットが受信し、車載器（カーナビゲーションなど）で表示しています。

一般財団法人 道路交通情報通信システムセンターのWebサイトに詳しい解説が掲載されています。

- 道路交通情報通信システムセンター：FM多重放送とビーコン
  http://www.vics.or.jp/know/structure/beacon.html

登山や山スキー

登山や山スキーでは、「雪崩（なだれ）ビーコン」と呼ばれるビーコンが活用されています。

雪崩ビーコンは、登山者やスキーヤーが携行する物です。電波の受発信ができる小型化された機器であり、雪崩に遭遇して雪の中に埋没してしまった場合、登山中の滑落事故の場合などに、携行しているビーコンから発信される電波を、救助者のビーコンで受信しながら捜索活動を行います。

雪崩ビーコンが他のビーコンと大きく異なるのは、"携行する物"であるという点です。他のビーコンが位置を固定して電波などを発信するのに対し、雪崩ビーコンはそれ自体が移動するという点に違いがあります。

1.4 BLE技術とビーコン

Bluetooth（ブルートゥース）は、デジタル機器用の近距離無線技術の1つです。2.4GHzの帯域の電波を使用して、パソコンや携帯電話、スマートフォン、タブレット端末などと、キーボードやマウスなどの入力機器、ヘッドフォンやマイクなどのオーディオ機器の周辺機器を接続して利用することに使われています。

Bluetooth規格のバージョン4.0（本稿執筆時点）は、従来までのバージョンと比較して大幅に省電力化された規格になりました。このバージョン4.0は、「BLE」（Bluetooth Low Energy）とも呼ばれています。2013年以降に出荷されたスマートフォンやタブレットの多くは、バージョン4.0規格に対応したBluetoothが搭載されています。

このBLE技術を活用した機器として登場したのが、「ビーコンデバイス」（ビーコン機器）です。ビーコンデバイスは、一定の間隔でBLEのブロードキャスト通信（broadcast；同時通報）の信号を送り続けるデバイスです。ビーコンデバイスは、BLE規格で省電力化が実現されているため、ボタン型電池や乾電池を電源として使用することで、最長で数年もの間、電波を発信し続けることが可能です。

現在、BLE技術を活用したビーコン規格には、主に、「iBeacon」と「Eddystone」の2種類があります。

iBeacon

iBeaconは、2013年に発売されたiOS 7に標準搭載された機能です。米Apple社の規格に従ったiBeaconデバイスをiPhoneやiPadなどから利用することが可能になりました。iBeaconについては、第2章で詳しく説明します。

Eddystone

2015年7月に米Google社がBLE技術を用いたEddystoneを発表しました。Eddystoneについては、第3章で詳しく説明します。

1.5 位置情報とビーコン

iBeaconは、iOSにおいて「位置情報サービスを拡張するためのテクノロジー」であると、位置づけられています。iBeaconやEddystoneに準拠したデバイスは、BLEのブロードキャスト通信の信号を送り続けるだけのデバイスです。なぜ、このデバイスが位置情報サービスを拡張できるテクノロジーと位置づけられているのでしょうか。

一般的なスマートフォンやタブレットでは、位置情報として緯度経度を使用しています。位置情報の割り出しに携帯電話の基地局やWi-Fiスポットなどを使用する場合もありますが、GPSを使って緯度経度を割り出すのが主流です。

GPSは、Global Positioning Systemの略で、全地球測位システムとも呼ばれます。衛星測位システムを使って地球上での位置を測位するシステムです。自動車で使用されるカーナビゲーションシステムも、GPSシステムを使って車両の現在地を測位しています。

スマートフォンやタブレットでの課題

スマートフォンやタブレット端末にも、GPSを使用して現在地を測位する仕組みが導入されています。地図アプリや、道案内アプリなど、さまざまなアプリやサービスでGPSを使用して現在地を測位し、その現在地の緯度経度に応じた位置情報サービスが提供されています。しかし、GPSを使用して測位した緯度経度による位置情報サービスには、スマートフォンやタブレット端末ならではの課題があります（**図1-1**）。

◆ 課題①：緯度経度は平面座標

緯度経度は、地上の現在地を、緯度と経度という2つの数値によって表現します。地上にある平面であれば緯度経度を使って現在地を示せますが、建物やビルのように高さがある場所に対して、緯度経度という平面座標だけでは同じ数値を指し示すことになり、正確な現在地を示せません。

◆ 課題②：GPSの測位精度

GPSは衛星からの電波を受信し、その電波によって位置を測位しています。通常、1つの衛星からの電波ではなく、複数の衛星の電波を受信して位置を割り出します。原理的には、最低で4機の衛星から電波を受信できれば、正確な位置情報を割り出せます。

日本国内で開けた場所であれば、6～10機程度の衛星からの電波を受信できますが、ビル街や山間部の谷間などでは、最低限必要な4個の衛星の電波を受信できないことも少なくありません。また、衛星自体も衛星軌道上を動いているので、衛星との角度によっては、誤差が大きくなる場合もあります。

これらの対策として、携帯電話の電波やWi-Fiなど別の方法を使って位置情報を補正して利用しているのが現状です。

さらに、建物の中にいる場合や、周囲の環境によっても、GPSの測位に誤差が発生しています。そのため、数メートルという精度での測位を期待して位置情報サービスを構築しても、実際に測位した緯度経度は、数十メートルから100メートル程度の誤差が発生してしまう場合もあります。

○図1-1　スマートフォンやタブレット端末で緯度経度を使う場合の課題

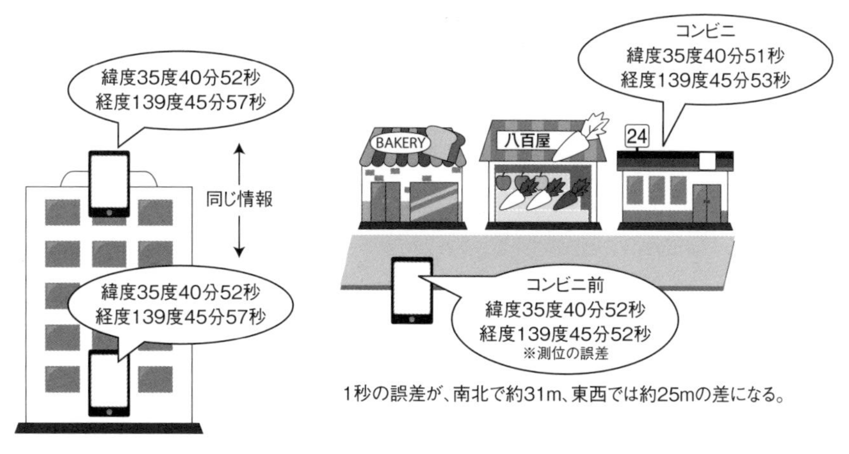

これらの課題を解決し、より正確に位置情報を識別するための仕組みがiBeaconやEddystoneです。

ビーコンデバイスは、BLEのブロードキャスト通信の信号を一定の間隔で送り続けます。この信号をスマートフォンやタブレット端末が受信する際に信号の強度(電波の強さ)によってビーコンデバイスとスマートフォンとの距離を割り出すことができます。ビルのような建物の中で、1階と5階、それぞれにビーコンデバイスが設置されていれば、信号を受信したスマートフォンがどちらのビーコンデバイスの近くにいるかを判断できます。さらに、隣り合った店舗でも、それぞれにビーコンが設置されていれば、信号を受信した端末がどちらに近いのかを知ることができます（**図1-2**）。

従来のように位置情報として緯度経度だけを使用する場合と比較すると、ビーコンを使うことで、よりピンポイントで現在地を特定できます。これが、「位置情報サービスを拡張するためのテクノロジー」と位置づけられる理由の1つです。

1.6 ビーコンデバイスの特徴

もっとも単純なビーコンデバイスは、BLE信号を発信するだけのハードウェアです。BLEは、消費電力が少ないため、小さな電池1つで、長期間信号を発信し続けることが可能です。

次の写真は、芳和システムデザイン社製の「BLEAD」というビーコン製品です。

コイン型電池（CR2450もしくはCD2477）を使用し、標準的な設定で約1年間、電池を交換する必要がありません。また、直径5cm、重量28gと小型軽量サイズです。

他のハードウェアメーカーからも、乾電池を使用することで10年近く電池交換が不要なものや、太陽電池式、振動で自己発電するもの、他の機械に埋め込まれるものなど、さまざまなビーコンデバイスが開発、販売されています。

このように、ビーコンデバイスは軽量、小型であり、電源の自由度が高いことから、設置場所の自由度が高くなります。

◯図1-2　ビーコンを使用すると、よりピンポイントの位置がわかる

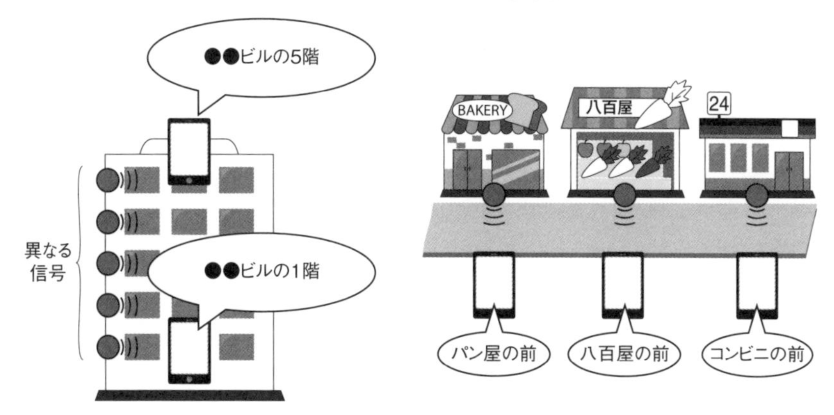

また、BLEの特徴として、信号が微弱であることも挙げられます。信号が微弱であるということは、他の機器に影響を与えにくいということです。そのため病院などに設置できるというメリットがあります。

逆にデメリットは、金属や液体などにより簡単にBLEの信号が遮断・減衰されてしまうことです。そのため、金属製のシャッター、水槽、鉄線入りのガラスがあるとBLEの信号が届かない、ということが起こります。さらに、人体も水分が多いため、人ごみの中では信号が届かない場合もあります。

1.7 おわりに

ビーコンデバイスが、信号を発信するだけの装置であり、iBeaconやEddystoneが、BLE技術を活用した「ビーコン」であることを理解できたと思います。

ビーコンデバイス単体ではあまり意味がなく、スマートフォンなどと組み合わせることで、ピンポイントの位置情報サービスを提供できるようになります。現在よりもピンポイントでの位置情報サービスが実現すると、私たちの生活にも大きな変化が起きてきます。

このような期待も込めて、iBeaconやEddystoneが注目されているのです。

Part1 基本編

第2章 iBeaconの基礎

「iBeacon」とはいったい何ができる代物でしょうか。本章では、iBeaconがiOS上でどのように扱われるのか、どのようなデータがやり取りされるのかなどを説明していきます。章末にはiBeaconデバイスの入手方法も紹介しています。

2.1 はじめに

iBeaconは、iOSの位置情報サービスの一部として登場しました。そのため、iBeaconから緯度経度のような位置を示すデータが送られていると勘違いする人もいます。また、iBeaconがあると、アプリが自動的にインストールされるとか、アプリが自動的に起動するという誤解も多くあります。

本章では、iBeaconをiOSからどのように扱えるのか、iBeaconが使用しているBLE技術の基礎など、技術的な方向からiBeaconを理解しましょう。

2.2 iBeaconとは

iBeaconは、Apple社の規格に従ったビーコンデバイスをiOSから利用する技術として、2013年に発表されたiOS 7から標準搭載されました。

iPhoneやiPadなどのiOSデバイスは、ハードウェアとしては2012年頃に出荷されたモデルからBLEに対応したBluetooth 4.0規格が採用されています。BLEに対応している機種（出荷時期）は次のとおりです。

- iPhone 4S以降
- iPad 第3世代以降（2012年3月以降のモデル）
- iPod Touch 第5世代以降（2012年10月以降のモデル）
- Apple Watch

これらのBLEに対応したiOSデバイスで、iOS 7以降のiOSを利用しているのがiBeacon対応の端末になります。iBeaconデバイス（ビーコンデバイス）は、一定間隔でビーコンが識別できる信号を送り続けます。この信号を受信可能なiOSデバイスとiBeaconデバイスの組み合わせによって、iBeaconという仕組みが成立しています。

iOSはiBeaconデバイスからの信号を受信するだけでは、OSとして何かの機能が動作したり、利用者に対して何かのサービスを提供することはありません。iOSは、受信した信号をiBeacon対応アプリに通知するのみであり、この通知を受け取るようにしたiBeacon対応アプリが、iBeaconを使用した位置情報サービスを提供する役割を果たします（**図2-1**）。

この構造は、もともとビーコンを意味する「のろし」や「かがり火」に似ています。「煙」や「灯り」、それ自体は意味を持ちません。これは、iBeaconデバイスが送信している信号と同じです。

あらかじめルールを決めておくことによって、受け取った側が情報や意図を汲み取ることができ、「煙」や「灯り」、つまりiBeaconデバイスの送信する信号に意味を持たせることが可能になります。

○図2-1　iBeaconとは

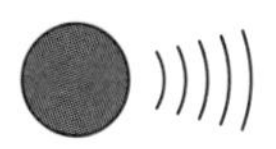

2.3 iOS上でのiBeaconの扱い

iOSは、iOS 7からiBeaconを正式にサポートしましたが、iOSデバイスでiBeaconを扱うにはiBeaconに対応したアプリが必要です。iOSがiBeaconを扱うアプリのために用意している機能としては「ビーコン領域を観測する」ことと、「ビーコンとの距離を測定する」の2つが挙げられます。

ビーコン領域を観測する

iOSでは、ビーコンからの信号が届く範囲を「ビーコン領域」(Beacon Region) と呼びます。ビーコン領域の広さは、iBeaconデバイスの電波の強さや周辺の環境にも依存するため一概には言えませんが、半径数メートルから数十メートルくらいになります。

iBeacon対応のアプリは、iOSに対してiBeaconデバイスの識別情報を渡して、観測対象とするビーコン領域を指定します。iOSは、iOSデバイスが指定されたビーコン領域に入る(＝ビーコンデバイスからの信号を受信する) と、iBeacon対応アプリに対して「ビーコン領域に入った」と通知します。

また、iOSデバイスが、指定されたビーコン領域から外れる (ビーコンからの信号が受信できなくなる) と、iBeacon対応アプリに対して「ビーコン領域から出た」と通知します (**図2-2**)。

なお、ビーコンの信号は微弱であるため、遮蔽物などによって信号が一時的に受信できなくなる場合があります。そのため、iOSでは、信号が受信できなくなってから一定時間が経過するとビーコン領域から外れたと認識します。

ビーコンとの距離を測定する

ビーコン領域の中にiOSデバイスがいる場合 (信号が受信できている状態)、iBeacon対応アプリからiOSに対して、iBeaconデバイスとの距離の測定を開始するよう指示を出すことができます。

iOSは、距離の測定が開始されると、受信しているiBeaconデバイスからの信号の強さ (電

○図2-2　ビーコン領域の観測（イメージ）

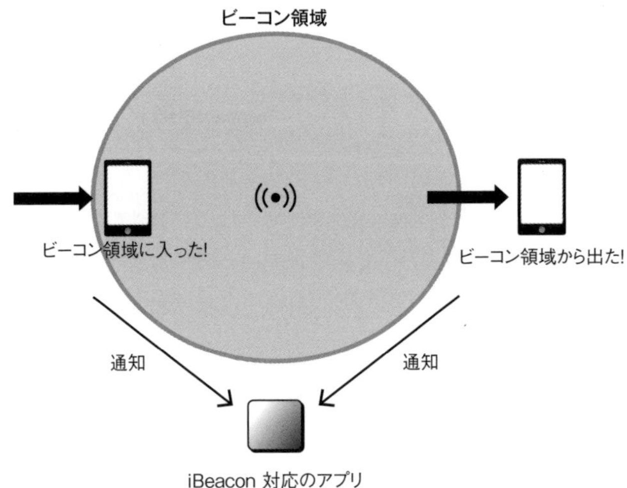

○図2-3　距離測定（イメージ）

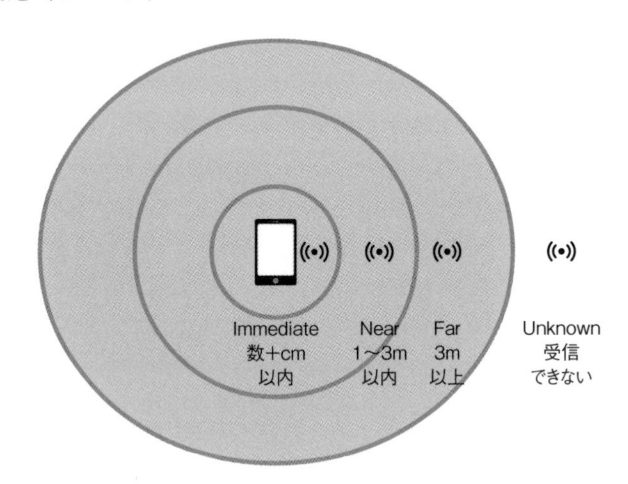

波強度）などから距離を割り出し、iBeaconデバイスの識別情報と距離をiBeacon対応アプリに通知します。この通知は、iBeaconアプリから測定を終了する指示が出されるか、ビーコン領域の外に出る（一定時間、信号が受け取れない状態になる）まで、iBeaconデバイスとの距離が変化するたびに行われます。

ビーコン領域の中に複数のiBeaconデバイスがある場合（複数のビーコンからの信号を受信している場合）は、複数個のビーコンの識別情報とその距離が近い順に通知されます。

iOSでは、iBeaconデバイスからの信号の強さなどによって距離を割り出しますが、その結果は、距離の値（単位メートル）と一緒に、次の4段階の定数で通知されます（**図2-3**）。

- Immediate
  iOSデバイスとiBeaconデバイスが非常に近い距離である（1m未満の近い距離）
- Near
  iOSデバイスとiBeaconデバイスが約1～3m程度
- Far
  NearよりもΝ遠いがiBeaconデバイスを検出できている
- Unknown
  検出済のiBeaconデバイスからの信号が受信できない場合

一般的なiBeaconデバイスで実測すると、約1～3mの距離では「Near」として通知され、Nearよりも近い場合（1m未満の近い距離）には「Immediate」、Nearよりも遠い場合は「Far」が通知されます。また、検出済のiBeaconデバイスから離れて信号が受信できなくなると、「Unknown」として通知されます。「Unknown」のまま一定の時間が経過すると、そのiBeaconデバイスは通知されなくなります。

一般的なアプリやサービスであれば、メートル単位の距離よりも、4段階の定数のほうが扱いやすいでしょう。というのも、実際にiBeaconデバイスを置いて実測してみると、メートル単位の距離では誤差が出てしまいます。この誤差は、電波の状況や周辺の環境など、さまざまなことが影響しているためです。

しかし、サービス提供者の視点で考えて見ると、iOSデバイスとiBeaconデバイスの間の距離が、0.1mと1mで機能やサービスが変わることはあっても、1mと1.2mのように体感的にはほとんど変わらない距離で機能やサービスを変えることは考えにくいです。

「ビーコン領域を観測する」と「ビーコンとの距離を測定する」の2つの機能は、アプリ側の立場から見ると、次のような単純な機能です。

- 指定したiBeaconデバイスを検知できる
- 指定したiBeaconデバイスとの距離を測定できる

このように単純な機能であるからこそ、iBeaconデバイスを設置する場所の選択や、信号を受け取ったiBeacon対応アプリがiBeaconデバイスを識別してどのような機能やサービスを提供するのかなど、アプリ開発者やサービス提供者のアイデア次第の面が大きいと言えるのです。

Column 正しい距離が得られないケース

屋内にiBeaconデバイスを置いた場合、電波が天井や壁、床などに反射されて正しい距離が得られないケース（**図2-A**）もあるので注意してください。

○図2-A　反射した場合の距離測定（イメージ）

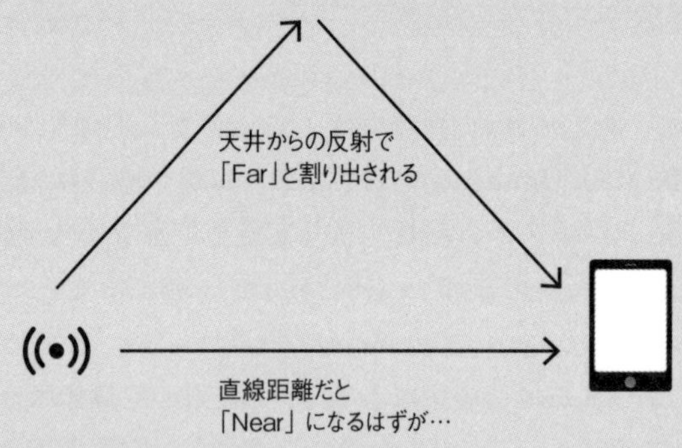

2.4 BLEとは

さて、iBeaconデバイスを詳しく説明する前に、iBeaconデバイスの基礎技術とも言える「BLE」（Bluetooth Low Energy）について説明します。

iBeaconデバイスは、Bluetooth 4.0規格により定義されたBLEの技術を活用しています。BLE技術では、サービスを提供するBluetooth機器（ワイヤレスキーボードやワイヤレスマウス、ヘッドフォンなど）を「ペリフェラル」（Peripheral）と呼び、サービスを受ける機器（PCやスマートフォン、タブレットなど）を「セントラル」（Central）と呼びます（**図2-4**）。

一般的なBLE機器であるワイヤレスキーボードやワイヤレスマウスの場合、Bluetooth機器を見つけると、セントラルであるPCやタブレットなどからペリフェラルであるBLE機器に対して接続が要求され、セントラルとペリフェラルの接続が確立された状態（＝ペアリングされた状態）となり、通信が開始されます（**図2-5**）。

iBeaconデバイスの場合も、iBeaconデバイスが「ペリフェラル」、iOSデバイスが「セントラル」に位置づけられます。しかし、iBeaconデバイスの場合は、一般的なBLE機器のように接続を確立して通信するのではなく、「ブロードキャスト通信」機能を使います（**図2-6**）。

BLEのブロードキャスト通信では、ペリフェラルは不特定多数の機器に向けて、一方的に「アドバタイジングパケット」（Advertising Packet）と呼ばれるデータを一定の間隔で

○図2-4　ペリフェラルとセントラルの関係

○図2-5　一般的なBLE機器の通信

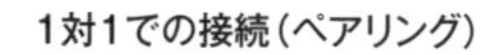

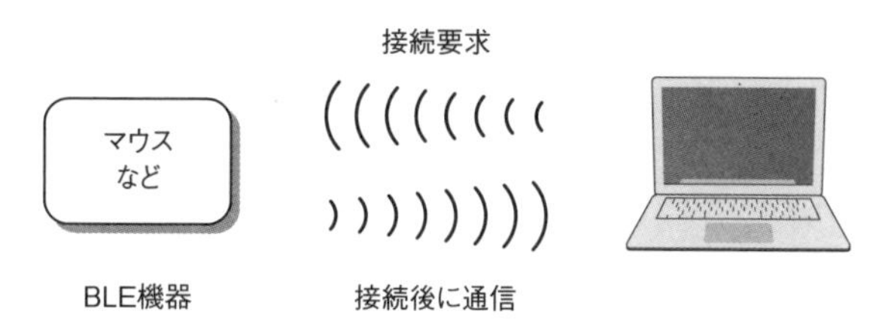

○図2-6　ブロードキャスト通信

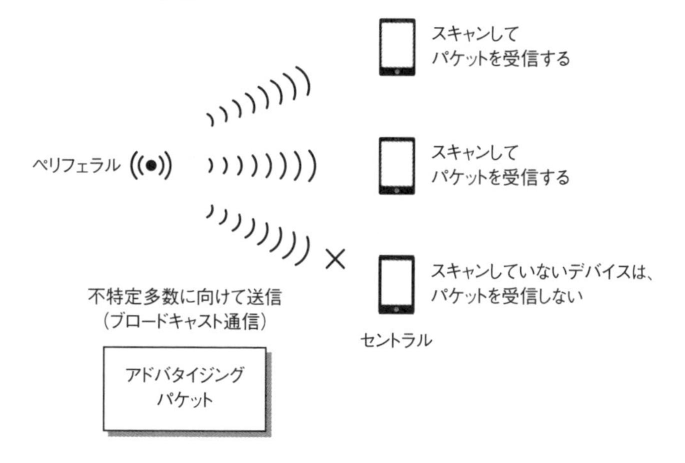

送信します。セントラルでは、ブロードキャスト通信をスキャンすることで、アドバタイジングパケットを受信できます。スキャンしていないセントラルでは、アドバタイジングパケットを受信できません。

2.5 iBeaconデバイスが送信するデータ

ブロードキャスト通信で送信されるアドバタイジングパケットは、ヘッダとフッタ情報を除くと30バイトしかない小さなデータで、iBeaconを識別するためのデータが格納されています（**図2-7**）。

アドバタイジングパケットの30バイトは、**表2-1**のように割り当てが決められています。

このフレームフォーマット内に格納される次の3つのデータの組み合わせによって、

○図2-7　アドバタイジングパケット

ヘッダ	Advertising Data（30バイト）	フッタ

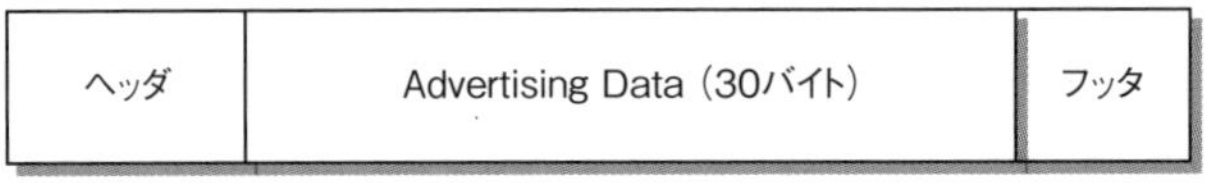

○表2-1　iBeaconのフレームフォーマット（ヘッダ・フッタを除く）

バイト位置	バイト数	領域名	値（16進数）	説明
0	1	Data length	02	データ長
1	1	Data type	01	データタイプ
2	1	LE and BR/EDR flag	06	固定値
3	1	Data length	1a	データ長
4	1	Data type	ff	固定値
5	1	Manufacturer data	4c	固定値
6	1	Manufacturer data	00	固定値
7	1	Manufacturer data	02	固定値
8	1	Manufacturer data	15	固定値
9-24	16	Proximity UUID		Proximiy UUID
25-26	2	Major		Major（2バイトの符号なし整数）
27-28	2	Minor		Minor（2バイトの符号なし整数）
29	1	Signal power		信号強度

※出典元：kontakt.io「iBeacon advertising packet structure」（https://support.kontakt.io/hc/en-gb/articles/201492492-iBeacon-advertising-packet-structure）

iBeaconデバイスを識別できます。

- Proximity UUID（16バイト）
- Major（2バイト）
- Minor（2バイト）

なお、iBeacon規格ではiBeaconデバイスはアドバタイジングパケットを100ミリ秒（0.1秒）間隔で送信しています（ビーコンデバイスによっては、送信間隔を調整できるものもありますが100ミリ秒間隔でないとiBeaconデバイスとは呼べません）。

Proximity UUID（近接UUID）

Proximity UUIDは、16バイト長のUUID（Universally Unique Identifier）を格納します。UUIDは、世界中で一意な値を持つ識別子です。16バイト（32文字）のデータを並べて記述すると人間にとってはわかりにくいため、次のように、8桁-4桁-4桁-4桁-12桁と-（ハイフン）で区切って表現します。

XXXXXXXX-XXXX-XXXX-XXXX-XXXXXXXXXXXX

Major

Majorは、2バイト長の符号なし整数値として、0～65535（16進数では0000-FFFF）の値を持ちます。

Minor

MinorもMajorと同様に、2バイト長の符号なし整数値として、0～65535（16進数では0000-FFFF）の値を持ちます。

識別子の組み合わせ方

iBeaconデバイスではUUIDをサービスや事業者ごとに割り振り、MajorとMinorで個別のビーコンデバイスを識別するのが一般的とされています。

これらUUID、Major、Minorを組み合わせてどのように使うのかは、サービス提供者が決める必要があります。Apple社のドキュメントでは、**表2-2**のような例が提示されています。

表2-2では、9個のiBeaconデバイスを3軒の店舗に設置した場合にUUID、Major、Minorを割り当てた例を示しています。

UUIDは、9個とも「D9B9EC1F-3925-43D0-80A9-1E39D4CEA95C」で統一しています。iBeacon対応のアプリは、UUIDを指定して観測するビーコン領域を指定するため、1つのサービス（事業）では、同じUUIDを使うのが一般的です。

Majorは、San Francisco店、Paris店、London店に対して、1、2、3を割り当てています。つまり、Major値によって店舗を区別していることがわかります。

さらにMinorは、Clothing、Housewares、Automotiveに、10、20、30を割り当てています。つまり、Minor値は、店舗内の商品の分類を示しています。

UUID、Major、Minorという3つの数値データによってiBeaconを識別しますが、例のようにMajorやMinorの割り当てを工夫することが重要です。

○表2-2　UUID、Major、Minorの例

Store Location		San Francisco	Paris	London
UUID		D9B9EC1F-3925-43D0-80A9-1E39D4CEA95C		
Major		1	2	3
Minor	Clothing	10	10	10
	Housewares	20	20	20
	Automotive	30	30	30

※出典元：apple.com「Getting Started with iBeacon」（https://developer.apple.com/ibeacon/Getting-Started-with-iBeacon.pdf）

2.6 Androidにおける扱い

iOSでは、iBeaconを標準的な機能として利用できますが、AndroidではOSとしてiBeaconをサポートしていません。しかし、Android 4.3以降ではBLEをサポートしているので、BLEデバイスとしてiBeaconを認識し、アドバタイジングパケットを処理することで、iBeaconを使用することが可能になります。

Android用アプリでのiBeaconの実装方法は、第5章で説明します。

2.7 iBeaconデバイスの入手方法

2016年3月時点で、iBeaconデバイスを購入、問い合わせ・相談ができるメーカーです。

◆㈱芳和システムデザイン

軽量、小型化されたボタン電池式のiBeaconデバイスである「BLEAD」の開発・販売元です。個人や法人向けに、お試しセット（3個でが1万円（税抜き））が購入できます。ビーコンの入門にピッタリです。センサー付きや、ビーコン受信器、中継器など含め、関連したソリューションにも対応してもらえます。本書で作成するアプリも「BLEAD」で動作を確認しています。

http://www.houwa-js.co.jp/index.php/ja/products/blead
http://blead.buyshop.jp/

◆㈱サンコウ電子

電子部品、基盤製作などを行っている会社です。法人／個人からの問い合わせや各種カスタマイズなどにも対応してくれます。ビーコン受信器のほか、少々変わったビーコンデバイスも扱っています。

http://www.sankode.com/

◆㈱リキッド・デザイン・システムズ

介護施設向けの見守りソリューションなど、iBeaconを活用したソリューションを提供しています。センサー付きBLE端末も取り扱っています。

http://liquiddesign.co.jp/

◆APPLIYA（アプリヤ）㈱

スイッチ付きのiBeaconデバイスを取り扱っています。スイッチ付きiBeaconデバイスを使用したスタンプアプリサービスも提供しています。

http://appliya-inc.com/
http://stampup.co/

◆㈱アプリックス

手軽にビーコン利用を始められるMyBeaconシリーズなど、さまざまビーコン製品を取り扱っています。また、ビーコンデバイスを店舗に置くだけの集客ツール「おもてなしBeacon」など、各種ソリューションも提供しています。

http://www.aplix.co.jp/

◆㈱Braveridge

単三乾電池式のビーコンや小型ビーコン端末などを取り扱っています。評価用の10個セットが販売されているほか、開発者向けのトータルフレームワークなども用意されています。

http://www.braveridge.com/

◆メディアブリッジ㈱

O2Oソリューションとして、iBeacon関連の企画・開発・運営などを行っています。

http://mbridge.jp/

◆㈱イーアールアイ

IOTデバイスの専門企業として、ビーコン発信器を取り扱っています。

http://www.erii.co.jp/

2.8 おわりに

iBeaconデバイスは、「識別子である信号を発信しているだけの単純な装置」で、さらに「iOSもiBeaconデバイスからの信号を受信して、アプリに渡しているだけ」ということが理解できたと思います。

iBeaconを活用するためにはiBeaconに対応したアプリが必要であり、そのアプリが提供する機能やサービスはアプリ開発者やサービス提供者のアイデア次第です。Apple社としては、「おいしそうな材料を用意したから、あとはがんばって調理してね」という気持ちなのかもしれません。

Part1 基本編

第3章 Eddystoneの基礎

Googleが発表した「Eddystone」は、iBeaconと同じく注目されていますが、何が異なるのでしょうか。本章は、具体的なデータの内容やiBeaconとの違いなどを説明します。章末にはEddystoneデバイスの入手方法も紹介しています。

3.1 はじめに

インターネットの巨人である米Google社もiBeaconに負けじとビーコンの規格を発表してきました。それが「Eddystone」です。

そもそもEddystoneとは、イギリス領フォークランド諸島にEddystone Rocksという地域があり、その灯台が命名の由来とされています。灯台が明かりを発する様子からビーコンの発信するさまを表しています。

BLE技術を使ったデータの発信というしくみはiBeaconと同じですが、その仕様や使い方には大きな違いがあります。本章では、Eddystoneの具体的な仕様を見ていきましょう。データの形式など第2章のiBeaconと比較してみてください。

3.2 Eddystoneデバイスが送信するデータ

米Google社が2015年7月に発表したBLE技術を活用したビーコンの規格が「Eddystone」です。Eddystoneでは、ビーコンとして送出されるデータの違いにより、次の3種類のモードが規定されています。

- Eddystone-UID
- Eddystone-URL
- Eddystone-TLM

Eddystone-UID

Eddystone-UIDはビーコンの識別子を送信するモードで、iBeaconとほぼ同等の機能を持っています（**表3-1**）。

10バイト長のNamespace領域によってEddystoneデバイスの提供元を識別します。これはiBeaconにおけるUUIDに相当します。Namespaceの生成方法には次の2つの方法が推奨

○表3-1　Eddystone-UIDの送信フレームフォーマット

バイト位置	バイト数	領域名	値（16進数）	説明
0	1	Frame Type	00	固定値でEddystone-UIDであることを示す
1	1	TX Power	9C ～ 20	受信距離0mでの信号強度を-100 ～ +20の範囲で示す。単位はdBm
2-11	10	Namespace	任意	Eddystoneの提供元を識別するための名前空間
12-17	6	Instance ID	任意	Eddystoneを識別するための識別子
18-19	2	RFU	0000	将来のための予約領域

※出典元：GitHub「google/eddystone/eddystone-uid/」（https://github.com/google/eddystone/tree/master/eddystone-uid）

されています。

- ドメイン名（FQDN名）からHash値を生成して使う
  ドメイン名をSHA-1アルゴリズムを使ってハッシュ化（元のデータを一定の演算によって規則性のない固定長のデータに変換）し、その先頭からの10バイトを利用する
- UUIDの一部を省略した値を使う
  iBeaconでも利用される16バイトのUUIDのうち、5～10バイト目に相当する6バイトを取り除いた10バイトを利用する（ハイフンは除く）

6バイト長のInstance ID領域はEddystoneの利用者が自分のアプリケーションに適した形で任意に決めることができます。iBeaconのMajor/Minorのように領域を内部的に分割して利用することも可能です。

このようにEddystone-UIDはiBeacon同様、端末のアプリケーションによってビーコンからの信号を受信して識別し、それに応じて動作するといったシーンでの活用が想定されます。

Eddystone-URL

Eddystone-URLはビーコンが持つURL情報を送信するモードです（**表3-2**）。Eddystoneの発表より遡る、2014年10月に米Google社が発表した「Physical Web」構想を実装した規格とも言えます。

Eddystone-URLでは2～19バイトまでの18バイトだけを使ってURLを表現する必要があるため、次のような工夫がなされています。

- URLのプリフィックスのコード化
  「http://」や「https://」などURLのプリフィックスに当たる部分を1バイトのURL Schemeの領域に数値として表現することで文字数を減らす（**表3-3**）
- 短縮URLの利用
  「goo.gl」や「bitly.com」といったURL短縮サービスを利用し文字数を短縮し、Encoded URL領域に格納する

○表3-2　Eddystone-URLの送信フレームフォーマット

バイト位置	バイト数	領域名	値（16進数）	説明
0	1	Frame Type	01	固定値でEddystone-URLであることを示す
1	1	TX Power	9C～20	受信距離0mでの信号強度を-100～+20の範囲で示す。単位はdBm
2	1	URL Scheme	00～03	URLのプリフィックスを数値で置き換えたもの
3-19	17	Encoded URL	任意	URLをコード化し短縮したもの

※出典元：GitHub「google/eddystone/eddystone-url/」（https://github.com/google/eddystone/tree/master/eddystone-url）

○表3-3　URL Schemeの定義

値（16進数）	次の文字列を意味する
00	http://www.
01	https://www.
02	http://
03	https://

• テキスト拡張コードの利用

3～19バイトにはURLが文字コード（ASCIIコード）として格納されるが、文字コードとして使われていない値を拡張コードとして埋め込むことで、特定の文字列を置き換えたことを示す（**表3-4**）

Eddystone-URLではURLを表現する文字数が限られているため、外部のURL短縮サービスを利用する場合には、そのサイトにアクセスしてURLを復元する必要があり、受信する端末はオンライン状態でなければなりません。一方で、Eddystone-URLの送信するURLを解釈できるブラウザがあれば、特別なアプリケーションなしにビーコンによるサービスを受けられます。

○表3-4　テキスト拡張コードの定義

値（16進数）	次の文字列を意味する
00	.com/
01	.org/
02	.edu/
03	.net/
04	.info/
05	.biz/
06	.gov/
07	.com
08	.org
09	.edu
0A	.net
0B	.info
0C	.biz
0D	.gov
0E-20	※将来のための予約領域
7F-FF	※将来のための予約領域

Eddystone-TLM

Eddystone-TLMはビーコン自体の動作状況を送信するモードで「テレメトリ」(telemetry；遠隔測定法）としての用途に利用されるモードです（**表3-5**)。TLMはテレメトリの略です。

Eddystone-TLMモードでは送出データにビーコンの識別情報を含みません。そのため、識別情報も送信したい場合は、Eddystone-UIDもしくはEddystone-URLモードの信号を交互、あるいはランダムに送信するようビーコンを設定する必要があります。

3.3 EddystoneとiBeaconの機能比較

iBeaconとEddystoneの機能を比較すると**表3-6**のようになります。

iBeaconと機能が似ているのは「Eddystone-UID」です。どちらもビーコンとしての識別子（ID）を送出し、受信した側でビーコンを特定して処理します。

一方、「Eddystone-URL」はIDを送出する代わりにURLを送出する点が特徴的でiBeaconにはない機能です。ただし、URLは短縮URLの使用が前提のためインターネットサービスへの問い合わせが必要となります。iBeaconも識別子を渡すとURL情報が返ってくるようなサービスと組み合わせれば同等な機能を実現できます。

○表3-5　Eddystone-TLMの送信フレームフォーマット

バイト位置	バイト数	領域名	値（16進数）	説明
0	1	Frame Type	02	固定値でEddystone-TLMであることを示す
1	1	Version	00	TLMバージョンを示す
2-3	2	VBATT	任意	バッテリーの電圧を示す。単位は1mV/bit
4-5	2	TEMP	任意	ビーコンの温度を8:8の固定小数点で示す。－128℃～128℃
6-9	4	ADV_CNT	任意	（再）起動してからのパケットの送出回数を示す。0～4294967295回
10-13	4	SEC_CNT	任意	（再）起動してからの経過時間を示す。単位は0.1秒

※出典元：GitHub「google/eddystone/eddystone-tlm/」（https://github.com/google/eddystone/tree/master/eddystone-tlm）

○表3-6　EddystoneとiBeaconの比較

項目	Eddystone	iBeacon	備考
仕様策定元	米Google社	米Apple社	
利用可能OS	iOS7以上/Android4.3以上	iOS7以上/Android4.3以上	Bluetooth 4.0（BLE）以降のデバイスで利用可能
ビーコンの種類	3種類	1種類	
発信間隔	変更可能	1秒（固定）	

Eddystone-URLの問題点

Eddystoneの中では仕様がシンプルなEddystone-URLがもっとも普及すると考えられます。しかし、URLを送信するという単純なしくみであるがゆえに、世の中に広く普及させるにあたってさまざまな問題点が考えられます。

- 認証
  URLが固定なので利用者ごとにコンテンツを切り替えるためには利用者にログイン処理を行わせる必要がある
- 漏えい
  電波の届く範囲を建物内、エリア内などに限定することが困難
- スパム
  悪意のあるURLの送信、大量の繰り返し送信といった「スパムビーコン」が出現する可能性がある
- なりすまし
  クーポンを配布するURLなどを複製し、別のビーコンでクーポンを取得する行為
- フィッシング詐欺
  正規のビーコンの近くに偽サイトへ誘導するURLを送信する別のビーコンを置いて、ログインIDやパスワードが奪取される危険性がある
- コンテンツフィルタ
  アダルトコンテンツや暴力的コンテンツを制限なく閲覧できてしまう

今後、何らかの方法によってこれらの問題を解決していく必要があります。場合によっては法による規制も考えられるでしょう。

Column Eddystoneの活用事例

本稿執筆時点で、国内ではめずらしいEddystoneデバイスを使った事例です。

徳島市の「阿波おどり」は、大規模かつ自由で、踊る場所は70箇所以上、踊り込む連は800団体近くあります。それらすべてを運営側も把握しきれていません。そのため、過去には、TwitterでGPSを発信する方式なども試みたのですが、多忙な中ではうまく運用できなかったそうです。

2015年の夏、ビーコン（iBeaconとEddystone）と連絡用に持っているスマートフォンを使って、連の位置情報をリアルタイムに発信する実験を行ないました（**写真3-A**）。その際、Eddystoneは演舞場に設置し、情報やスケジュールを記載したWebページをプッシュ配信したり、連の高張に搭載して連の情報を配信したそうです（**写真3-B**）。

なお、アプリ開発からビーコンデバイスの設置、運用まで徳島在住のエンジニアなどで構成する「Code for Tokushima」（http://codefortokushima.org/）が行いました。

○写真3-A　アプリ画面

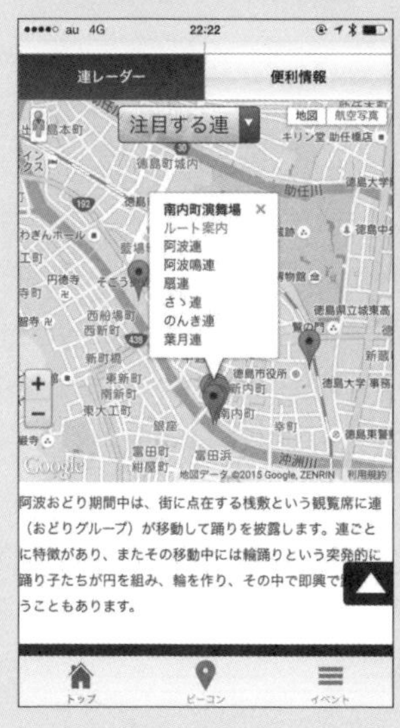

○写真3-B　高張にビーコン

3.4 Eddystoneの入手方法

2016年3月時点で、Eddystoneデバイスを購入、問い合わせ・相談ができるメーカーです。

◆㈱芳和システムデザイン

「BLEAD-E」は、軽量、小型化されたボタン電池式のEddystoneデバイスです。お試しセット（3個で1万2,000円（税抜き））も、販売サイトから購入できます。

http://www.houwa-js.co.jp/index.php/ja/products/eddystone
http://blead.buyshop.jp/

◆ベイシスイノベーション㈱

ビーコンソリューションである「beaconnect」のほか、Eddystoneにも対応してもらえます。

http://www.basis-inn.jp/

3.5 おわりに

米Google社は「Physical Web」というプロジェクトを推進しています。簡単に言うと「Web技術を利用してIoTによってネットとモノが対話できる仕組み」を標準化しようという試みです。Eddystoneはそのプロジェクトを具現化するデバイスの1つです。今後のEddystoneの使われ方にも注目しておきましょう。

Part2 実装編

第4章 iBeacon対応のiOSアプリ実装方法（Swift編）

いよいよ本章では、iOSアプリの実装方法を説明します。紙幅の都合によりすべてのソースコードは掲載できませんが、具体的なソースコードを見ることで、より理解が深まるでしょう。

4.1 はじめに

本章では、アプリ開発者のために、iBeacon対応のiOS用のアプリの実装方法について説明します。

iBeacon対応のアプリは、iBeaconデバイス（ハードウェア）と連携する点で、iPhoneやiPadなどの端末内で完結するアプリと比べると特殊なアプリです。しかし、ソースコードの記述は、特殊なことはありません。むしろ、こんなに簡単に実装できるのかと感じるられると思います。

また、本書の説明に合わせて「Beacon入門」という名前のアプリを、App Storeで公開しています。アプリ開発者でなくても、本章を読みながらアプリを動かすことで、iBeacon対応アプリでどんなことができるのか理解できるでしょう。

4.2 iOSアプリでiBeaconを扱う場合に必要なフレームワーク

iBeaconは、iOSでは「位置情報サービスを拡張するためのテクノロジー」として位置づけられています。iBeacon対応のiOSアプリを開発するために必要なAPIは、GPSなどの位置情報サービスを構築するために用意されている「Core Location」フレームワークに含まれています。

本章では、Core Locationフレームワークを用いたiBeacon対応アプリの実装方法を説明します。Core Locationフレームワークでは、アプリとiOSデバイスの橋渡しをするCLLocationManagerクラスが中心的な役割を果たします（**図4-1**）。

iBeaconデバイスからの信号を受信したiOSの位置情報サービスは、CLLocationManagerクラスを通じてアプリに通知されます。

○図4-1　Core Locationフレームワークの位置づけ

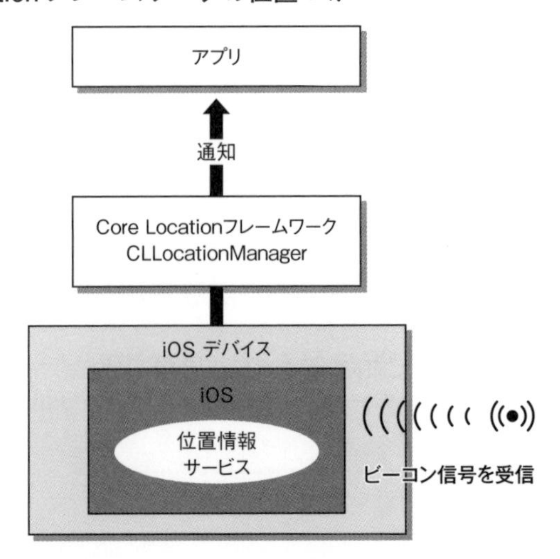

Column Core Bluetoothフレームワーク

iOSには、Bluetoothを扱うための「Core Bluetooth」フレームワークも用意されています。Core Bluetoothフレームワークを利用してiBeaconデバイスのブロードキャスト通信をスキャンするアプリを実装することも可能です。しかし、Core Bluetoothフレームワークには、iBeaconデバイスまでの距離を計算するなどの機能は含まれていないため、一般的なiBeacon対応アプリを開発するのであれば、Core Locationフレームワークを使ったほうがよいでしょう。

なお、iOSデバイスに搭載されたBluetoothを使って、iOSデバイスからiBeacon信号を発信する場合には、Core Bluetoothフレームワークを使用します（後述）。

4.3 開発環境（概要）

Core Locationフレームワーク（またはCore Bluetoothフレームワーク）を使って、iBeaconを扱う初歩的なiOSアプリの実装するために必要な環境は次のとおりです。

- PC（Mac OS X 10.9以降）
- Xcode（最新版）
- iOSデバイス（iPhoneまたはiPadなど）

PC（Mac）はなるべく最新版のOS Xにアップデートしたものを使用してください。Xcodeは、MacおよびiOSデバイス用のアプリを開発するための統合開発環境（IDE）です。Xcodeも、最新版にアップデートしたものを使用してください。本章のソースコードは、Swift 2.1.1で記述したものです。なお、本書では開発環境構築や開発者登録の方法は割愛します。

実装したアプリの動作を確認するには、以下のBLE対応のiOSデバイスとiBeaconデバイスが必要です。

BLE対応のiOSデバイス

BLE対応のiOSデバイスは次のとおりです。

- iPhone 4S以降
- iPad 第3世代以降（2012年3月以降のモデル）
- iPod Touch 第5世代以降（2012年10月以降のモデル）
- Apple Watch

iBeaconデバイス

動作確認するiBeaconデバイスの入手方法は、第2章（32ページ）で紹介しています。ただし、iBeaconデバイスの入手が困難な場合は、本章の「iPhoneをビーコンにする」（75ページ）と「Macをビーコンにする」（79ページ）を参考にしてください。

4.4 サンプル用「Beacon入門」アプリの仕様

本章でサンプル実装するiBeacon対応アプリ「Beacon入門」はApp Storeで公開しています。「Beacon入門」アプリでは、次の機能を実行できます。

- ビーコン領域の観測
- ビーコン距離測定
- ビーコン受信＋MAP
- ログの確認
- ビーコン発信

入手方法や使い方はAppendix 1（201ページ）を参照ください。

4.5 位置情報サービスの使用許可

iBeacon対応アプリは、Core LocationフレームワークからiOSの位置情報サービスを利用します。iOS用アプリが位置情報サービスを使用するには、ユーザの許可が必要です。

iOS 7までは、ユーザがiOSアプリ内からCLLocationManagerを通じて位置情報サービスにアクセスした時点で、位置情報サービスの使用許可を求める確認ダイアログが表示され、ユーザが「許可する」を選択した場合のみ使用できました。

iOS 8以降では、ユーザが位置情報に関するプライバシーを次の3種類から選択できます。

- 使用中のみ許可
- 常に許可
- 許可しない

ユーザが「使用中のみ許可」を選択した場合、アプリ実行中（アプリの画面が表示中）のみ、アプリから位置情報サービスを使用できます。「常に許可」を選択した場合は、アプリがバックグラウンドで実行中（アプリの画面が表示されていない状態）でも、位置情報サービスを使用できます。

なお、iOS 8以降は、定義ファイルのinfo.plistに、位置情報の使用目的を明示的に記載する必要があります。

図4-2の一番下の行が、位置情報の使用目的の記載例です。Keyとして、使用できるのは、次の2種類です。

- NSLocationWhenInUseUsageDescription（使用中のみ許可）
- NSLocationAlwaysUsageDescription（常に許可）

Valueには、使用目的を記載します。図4-2の例では、"NSLocationAlwaysUsageDescription"（常に許可）というKeyに対して"use for iBeacon & Maps"という使用目的を記載しています。

また、アプリ内からは、CLLocationManagerクラスのrequestAlwaysAuthorization、またはrequestWhenInUseAuthorizationメソッドを呼び出して、明示的に位置情報サービスの使用許可を求める確認ダイアログを表示する必要があります。

明示的に確認ダイアログを表示する処理はiOS 8から実装されました。そのため、アプリをiOS 7にも対応させる場合は、iOSのバージョンが8.0以降の場合のみダイアログが表示されるようにしておく必要があります（**リスト4-1**）。

なお、iOS 7でrequestAlwaysAuthorizationやrequestWhenInUseAuthorizationを呼び出すと、アプリが異常終了するので注意してください。

このアプリを実行すると、**図4-3**のような使用許可を確認するダイアログが表示され、ユーザに許可を求めることができます。

○図4-2　info.plistファイル

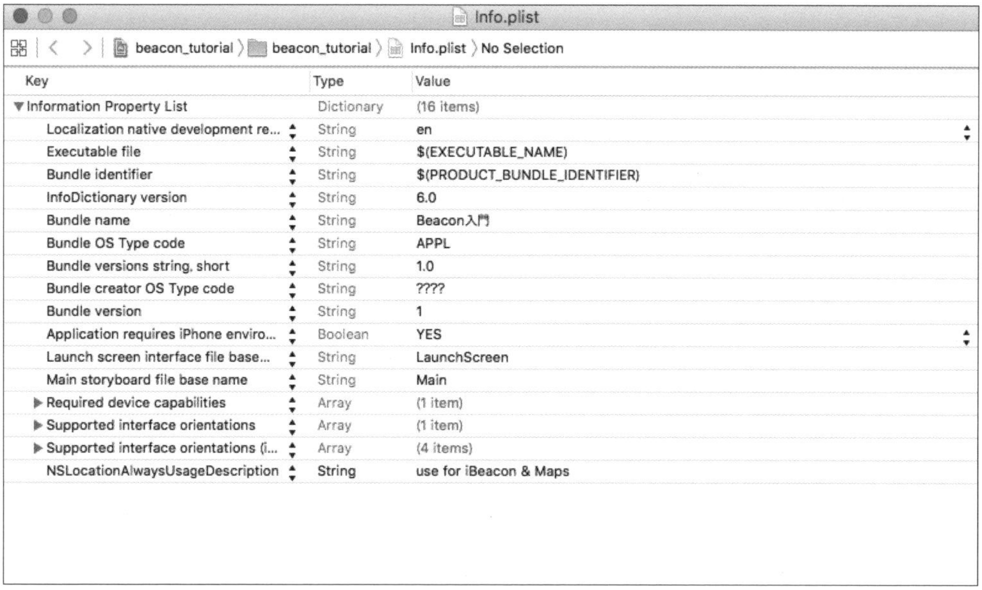

Info.plist

beacon_tutorial 〉 beacon_tutorial 〉 Info.plist 〉 No Selection

Key	Type	Value
▼Information Property List	Dictionary	(16 items)
Localization native development re...	String	en
Executable file	String	$(EXECUTABLE_NAME)
Bundle identifier	String	$(PRODUCT_BUNDLE_IDENTIFIER)
InfoDictionary version	String	6.0
Bundle name	String	Beacon入門
Bundle OS Type code	String	APPL
Bundle versions string, short	String	1.0
Bundle creator OS Type code	String	????
Bundle version	String	1
Application requires iPhone enviro...	Boolean	YES
Launch screen interface file base...	String	LaunchScreen
Main storyboard file base name	String	Main
▶Required device capabilities	Array	(1 item)
▶Supported interface orientations	Array	(1 item)
▶Supported interface orientations (i...	Array	(4 items)
NSLocationAlwaysUsageDescription	String	use for iBeacon & Maps

○リスト4-1　iOS 8.0以降の場合だけ、ダイアログを表示する処理の実装例

```
// 位置情報の認証のステータスを取得
let status = CLLocationManager.authorizationStatus()

// 許可が得られていない場合
if(status == CLAuthorizationStatus.NotDetermined) {

    // iOS 8以降の場合は、ダイアログを表示する
    if #available(iOS 8.0, *) {
        self.locationManager.requestAlwaysAuthorization()
    }
}
```

○図4-3　iOS 8位置情報の利用許可画面

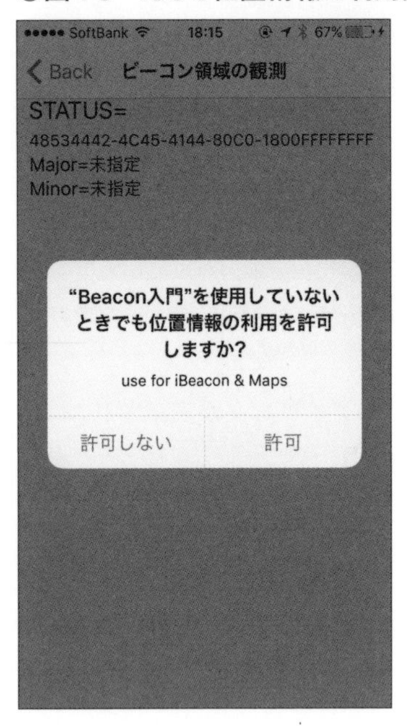

アプリ実行中で、アプリの画面が表示されているときだけ位置情報サービスを使うのであれば、NSLocationWhenInUseUsageDescription（使用中のみ許可）を指定するべきです。しかし、iBeacon対応アプリで、ビーコン領域への侵入検知をバックグラウンドで行いたい場合は、NSLocationAlwaysUsageDescription（常に許可）を指定して許可を取る必要があります。

4.6 ビーコン領域の観測

iBeaconを扱うためにCLLocationManagerクラスが提供している機能の1つが、「ビーコン領域の観測」です。

ビーコン領域の観測では、アプリが指定したビーコン領域にiOSデバイスが入ったとき、ビーコン領域からiOSデバイスが外れたときに、CLLocationManagerクラスからデリゲートメソッドが呼び出されます。

「Beacon入門」アプリのビーコン領域の観測機能では、ビーコン領域に入ったとき、ビーコン領域から外れたときに呼び出されるデリゲートメソッドから、ダイアログを表示するよう実装しました。

表示イメージ

ビーコン領域に入った場合、**図4-4**のように表示が変化します。

図4-4の1番左の画面の時点では、まだビーコン領域の観測を開始していません。「実行」ボタンをタップすると、ビーコン領域の観測を開始します。次の画面がビーコン領域の観測を始めた時点です。STATUSが“Outside”と表示されているように、iOSデバイスの周辺にiBeaconデバイスが存在していない状態です。この状態から、iBeaconデバイスからの信号

○図4-4　領域観測（ビーコン領域に入る）

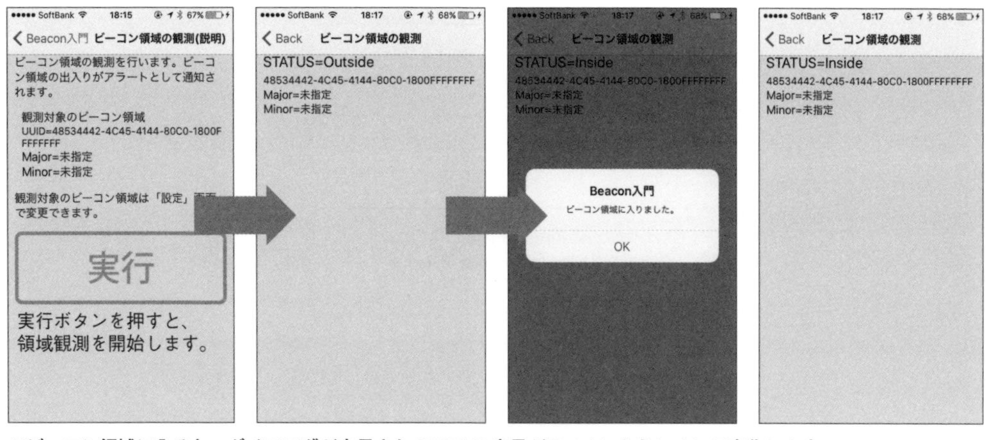

※ビーコン領域に入ると、ダイアログが表示されSTATUS表示がOutsideからInsideに変化します。

○図4-5　領域観測（ビーコン領域から出る）

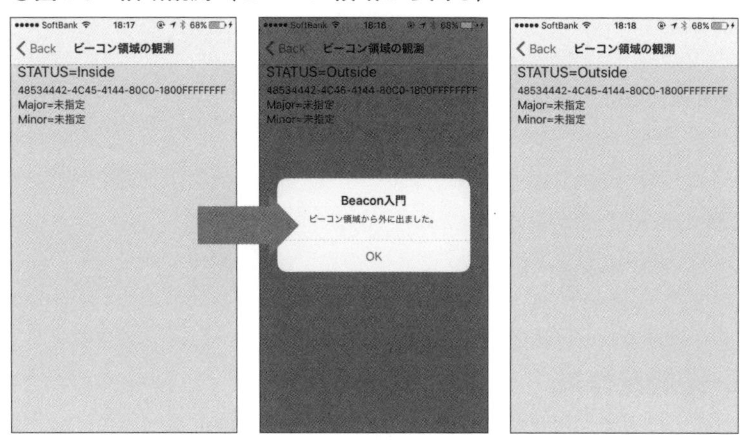

※ビーコン領域から出ると、ダイアログが表示されSTATUS表示がInsideからOutsideに変化します。

が届く場所に近づくと、次の画面のように「ビーコン領域に入りました。」と書かれたダイアログが表示されます。この時点で、STATUSも“Inside”に変化しています。

ビーコン領域から外れた場合は、**図4-5**のように表示が変化します。

図4-5の1番左の画面の時点では、iOSデバイスにiBeaconデバイスからの信号が届く場所にいます。STATUSにInsideと表示されています。この状態から、iBeaconデバイスからの信号が届かない場所まで移動し、しばらくすると次の画面のように「ビーコン領域から外に出ました。」と書かれたダイアログが表示され、STATUSの表記もOutsideに変化します。

ビーコン領域を観測する手順を簡単に書くと**図4-6**のようになります。

最初に行うことは、CLLocationManagerのオブジェクト作成です。このオブジェクトを

○図4-6　ビーコン領域を観測する手順

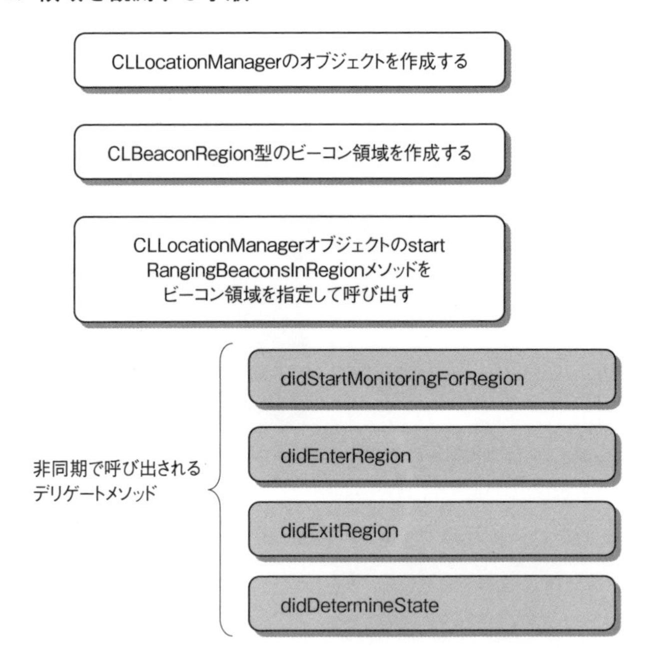

通じて、iOSの位置情報サービスとやり取りします。このオブジェクトに、デリゲートメソッドを定義したクラスを指定します。前述した位置情報サービスの使用許可を取得する場合にも、このオブジェクトを使用します。

観測対象のビーコン領域を作成

次に、観測対象のビーコン領域を作成します。ビーコン領域は、Core Locationフレームワークに定義されているCLBeaconRegionクラスを使って作成します。

CLBeaconRegionクラスには、3種類の初期化メソッドが用意されています。

- init(proximityUUID:identifier:)
- init(proximityUUID:major:identifier:)
- init(proximityUUID:major:minor:identifier:)

proximityUUIDは、観測対象のiBeaconデバイスのUUIDを、NSUUID型で作成して指定します。このパラメータは省略できません。

identifierには、ビーコン領域を識別するための名前をString型で指定します。後述するデリゲートメソッドのパラメータとしてビーコン領域オブジェクトを受け取るので、複数のビーコン領域を観測する場合には、それぞれを区別できる名前を付ける必要があります。

majorは、観測対象のiBeaconデバイスのmajor値です。0～65535の範囲の値をNSNumber型で指定します。

minorは、観測対象のiBeaconデバイスのminor値です。majorと同様に、0～65535の範囲の値をNSNumber型で指定します。

現状（2016年3月時点の最新であるiOS 9.2.1）では、観測対象のビーコン領域として、ProximityUUIDのみが使用されます。ProximityUUIDの指定と一致するすべてのiBeaconデバイスが観測の対象となります。major、minorを指定しても、観測の条件としては無視されます。

CLLocationManagerオブジェクトのstartRangingBeaconsInRegionメソッドに、作成したビーコン領域のオブジェクトを渡すとビーコン領域の観測が開始されます。

ビーコン領域の観測

ビーコン領域の観測が開始されると、iBeaconデバイスからの信号を受信した場合に、デリゲートメソッドが呼び出されるようになります。ビーコン領域の観測により呼び出される可能性があるデリゲートメソッドは次の4種類です。

- didStartMonitoringForRegion
- didEnterRegion
- didExitRegion
- didDetermineState

didStartMonitoringForRegionは、startRangingBeaconsInRegionを呼び出した結果として、領域監視が開始されると呼び出されます。

didEnterRegionは、ビーコン領域に入った時点（iBeaconデバイスからの信号を受信した時点）で呼び出されます。

didExitRegionは、ビーコン領域から外れた時点（iBeaconデバイスからの信号が受信できないまま一定時間（約10秒）が経過した時点）で呼び出されます。

didDetermineStateは、ビーコン領域に関するステータスが変化した場合に呼び出されます。ここで使われるステータス値は次の3種類です。

- Inside　：ビーコン領域の内側にいる
- Outside　：ビーコン領域の外側にいる
- Unknown　：不明

これらのデリゲートメソッドが呼び出されるタイミングは**図4-7**のようになります。

didEnterRegionデリゲートメソッドには注意すべきことがあります。それは、ビーコン領域観測を開始した時点で、ビーコン領域の中にいた場合です。「ビーコン領域に入った」

○図4-7　デリゲートメソッドが呼び出されるタイミング（イメージ）

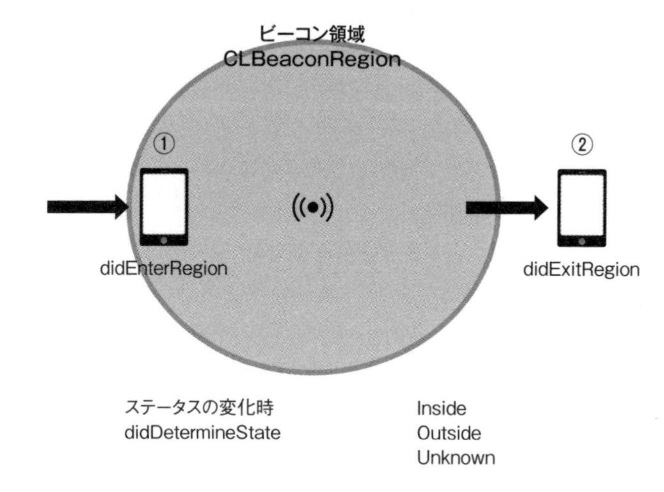

というのは、ビーコン領域の外にいる状態から中に入った事象ですので、最初からビーコン領域の中にいる場合はdidEnterRegionデリゲートメソッドは呼び出されません。そのため、didStartMonitoringForRegionデリゲートメソッドが呼び出された時点で、requestStateForRegionメソッドを呼び出して、ステータスをチェックする必要があります。

「Beacon入門」アプリでも、ビーコン領域内でビーコン領域の観測を始めると、ダイアログが表示されずに、STATUSはInsideと表示されます（**図4-8**）。

ビーコン領域観測機能を使って機能やサービスを実現する場合、ビーコン領域内で領域観測が始まったケースも意識しておく必要があります。

○図4-8　領域観測（ビーコン領域内で観測を始める）

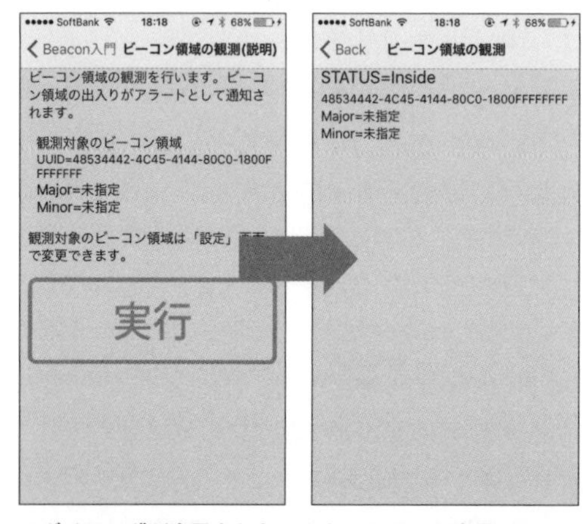

※ダイアログが表示されないまま、STATUS表示がInsideになる。

リスト4-2は「Beacon入門」アプリでの、ビーコン領域観測の実装例です。このアプリでは、ViewControllerに領域観測処理を実装しています（画面の表示など、本質ではない部分は省略しています）。

○リスト4-2　ビーコン領域観測の実装例（抜粋）

```
import UIKit

import CoreLocation ―❶

class Recv1ViewController: UIViewController, CLLocationManagerDelegate { ―❷

    // CoreLocation
    var locationManager:CLLocationManager!
    var beaconRegion:CLBeaconRegion!
    var uuid : NSUUID!
    var major : NSNumber = -1
    var minor : NSNumber = -1

    var scrView:UIScrollView!
    var lblStatus:UILabel!
    var lblUUID:UILabel!
    var lblMajor:UILabel!
    var lblMinor:UILabel!

    override func viewDidLoad() {
        super.viewDidLoad()

        // App Delegateを取得
        let appDelegate:AppDelegate =
            UIApplication.sharedApplication().delegate as! AppDelegate

        // Beaconに関する初期化
        self.uuid = appDelegate.scan_uuid!
        self.major = appDelegate.scan_major
        self.minor = appDelegate.scan_minor

        // CLLocationManagerオブジェクトの作成  ┐
        locationManager = CLLocationManager()  │
                                               ├❸
        // デリゲートを自身に設定              │
        locationManager.delegate = self        ┘

        // ビーコン領域の識別子を定義                  ┐
        let identifierStr:NSString = "BeaconTutorial"  ┘❹

↗
```

❶Core Locationフレームワークを使用するために、CoreLocationをimportしています。CLLocationManagerクラスやCLBeaconRegionクラスなどは、CoreLocation内で定義されています。
❷デリゲートメソッドを実装するために、CLLocationManagerDelegateインタフェースを継承しています。
❸CLLocationManagerオブジェクトを作成し、このクラス内にデリゲートメソッドが実装されていることを設定するために、delegateにselfを代入しています。
❹ビーコン領域の識別子を定義しています。この識別子は、アプリ内部でビーコン領域を区別するために使用します。

○リスト4-2　ビーコン領域観測の実装例（抜粋）（続き）

```
        // ビーコン領域の初期化
        self.beaconRegion = CLBeaconRegion(
            proximityUUID:uuid, identifier:identifierStr as String)

        if( self.major != -1 && self.minor == -1 ) {
            let majorVal:UInt16 = numericCast(self.major.integerValue)
            self.beaconRegion = CLBeaconRegion(proximityUUID:uuid,
                major: majorVal, identifier: identifierStr as String)
        }

        if( self.major != -1 && self.minor != -1 ) {
            let majorVal:UInt16 = numericCast(self.major.integerValue)
            let minorVal:UInt16 = numericCast(self.major.integerValue)
            self.beaconRegion = CLBeaconRegion(proximityUUID: uuid,
                major: majorVal, minor: minorVal,
                identifier: identifierStr as String)
        }

        // 画面が表示されていないときにも通知する
        //  trueにすると画面が表示されているときだけ通知される
        self.beaconRegion.notifyEntryStateOnDisplay = false

        // ビーコン領域に入ったことを通知する
        self.beaconRegion.notifyOnEntry = true

        // ビーコン領域から出たことを通知する
        self.beaconRegion.notifyOnExit = true                              ❺

        // 位置情報の認証のステータスを取得
        let status = CLLocationManager.authorizationStatus()
        // 許可が得られていない場合
        if(status == CLAuthorizationStatus.NotDetermined) {

            // iOS 8以降の場合は、ダイアログを表示する
            if #available(iOS 8.0, *) {
                self.locationManager.requestAlwaysAuthorization()
            }
        }                                                                  ❻

        // 画面の初期化
        self.title = "ビーコン領域の観測"

    ... 中略 ...

    }
```

❺CLBeaconオブジェクトを作成して、ビーコン領域を初期化しています。「Beacon入門」アプリでは、UUID、Major、Minor値を設定画面で変更できるため入力チェックなどを行っています。オブジェクト作成後に、次のプロパティを設定しています。

```
// 画面が表示されていないときにも通知する
// trueにすると画面が表示されているときだけ通知される
self.beaconRegion.notifyEntryStateOnDisplay = false
// ビーコン領域に入ったことを通知する
self.beaconRegion.notifyOnEntry = true
// ビーコン領域から出たことを通知する
self.beaconRegion.notifyOnExit = true
```

◯リスト 4-2　ビーコン領域観測の実装例（抜粋）（続き）

```
// 画面が再表示されるとき
override func viewWillAppear( animated: Bool ) {
    super.viewWillAppear( animated )
}

// 画面遷移などで非表示になるとき
override func viewWillDisappear( animated: Bool ) {
    super.viewDidDisappear( animated )
}

override func didReceiveMemoryWarning() {
    super.didReceiveMemoryWarning()
    // Dispose of any resources that can be recreated.
}

// (Delegate) 位置情報サービスの利用許可ステータスの変化で呼び出される
func locationManager(manager: CLLocationManager,
        didChangeAuthorizationStatus status: CLAuthorizationStatus) {

    print("didChangeAuthorizationStatus");

    // 認証のステータスをログで表示
    var statusStr = "";
    switch (status) {
    case .NotDetermined:
        statusStr = "NotDetermined"
        if manager.respondsToSelector("requestAlwaysAuthorization") {
            manager.requestAlwaysAuthorization()
        }

    case .Restricted:
        statusStr = "Restricted"

    case .Denied:
        statusStr = "Denied"

    case .AuthorizedAlways:
        statusStr = "AuthorizedAlways"                     ❼
        // ビーコン領域の観測を開始する
        manager.startMonitoringForRegion(self.beaconRegion);

    case .AuthorizedWhenInUse:
        statusStr = "AuthorizedWhenInUse"
    }
    print(" CLAuthorizationStatus: ¥(statusStr)")

}
                                                                    ↗
```

観測対象のビーコン領域ごとに、ビーコン領域に入ったことやビーコン領域から出たことを通知しないように設定することも可能です。

❻位置情報の認証のステータスを取得し、許可が得られていない場合にはダイアログを表示します。

❼位置情報サービスの利用許可が得られた場合のみ、ビーコン領域の観測を開始します。このとき、パラメータに観測対象のビーコン領域を渡します。

```
manager.startMonitoringForRegion(self.beaconRegion);
```

○リスト4-2　ビーコン領域観測の実装例（抜粋）（続き）

```
// (Delegate): 領域観測を開始したときに呼び出される
func locationManager(manager: CLLocationManager,
        didStartMonitoringForRegion region: CLRegion) {

    print("didStartMonitoringForRegion");

    // この時点で、ビーコン領域内にいる可能性があるため
    // ステータスのチェックを呼び出す
    manager.requestStateForRegion(self.beaconRegion);
}

// (Delegate): ビーコン領域のステータスを受け取る
func locationManager(manager: CLLocationManager,
        didDetermineState state: CLRegionState,
        forRegion inRegion: CLRegion) {

    print("locationManager: didDetermineState ¥(state)")

    switch (state) {

    case .Inside: // ビーコン領域内
        print("CLRegionStateInside:");

        self.lblStatus.text = "STATUS=Inside"
        break;

    case .Outside: // ビーコン領域外
        print("CLRegionStateOutside:");

        self.lblStatus.text = "STATUS=Outside"

        break;

    case .Unknown: // 不明
        print("CLRegionStateUnknown:");

        self.lblStatus.text = "STATUS=Unknown"
    }
}

// (Delegate) ビーコン領域に入った
func locationManager(manager: CLLocationManager,
        didEnterRegion region: CLRegion) {
    print("didEnterRegion");

    // UIAlertでダイアログを表示する
    let alert: UIAlertController = UIAlertController(title: "Beacon入門",
            message: "ビーコン領域に入りました。", preferredStyle: .Alert)
```

❽didStartMonitoringForRegionデリゲートメソッドです。このメソッドは領域観測が開始された時点で、呼び出されます。このメソッドが呼び出された時点で、すでにビーコン領域内である可能性があるため、このメソッドの中から、ステータスのチェックをリクエストしています。

❾didDetermineStateデリゲートメソッドです。「Beacon入門」アプリの領域観測機能では、このメソッドのstateによって画面のSTATUS欄の表示を変更しています。

❿didEnterRegionデリゲートメソッドです。ビーコン領域に入った時点で呼び出されます。「Beacon入門」アプリの領域観測機能では、アラート機能を使ってダイアログを表示しています。

○リスト4-2　ビーコン領域観測の実装例（抜粋）（続き）

```
        let action = UIAlertAction(title: "OK", style: .Default) { action in
            print("Action OK!!")
        }
        alert.addAction(action)
        presentViewController(alert, animated: true, completion: nil)
    }                                                                      ⑩

    // (Delegate) ビーコン領域の外に出た
    func locationManager(manager: CLLocationManager,
            didExitRegion region: CLRegion) {
        NSLog("didExitRegion");

        // UIAlertでダイアログを表示する
        let alert: UIAlertController = UIAlertController(title: "Beacon入門",
                message: "ビーコン領域から外に出ました。", preferredStyle: .Alert)   ⑪

        let action = UIAlertAction(title: "OK", style: .Default) { action in
            print("Action OK!!")
        }
        alert.addAction(action)
        presentViewController(myAlert, animated: true, completion: nil)
    }
}
```

⑪didExitRegionデリゲートメソッドです。ビーコン領域から外れた時点で呼び出されます。「Beacon入門」アプリの領域観測機能では、アラート機能を使ってダイアログを表示しています。

4.7 ビーコン距離測定

iBeaconを扱うためにCLLocationManagerクラスが提供している機能のもう1つが、iBeaconデバイスまでの距離の測定です。アプリが指定したビーコン領域内でiOSデバイスとiBeaconデバイス間の距離を測定できます。

「Beacon入門」アプリの「ビーコン距離測定」機能では、ビーコン領域に入ると、iBeaconデバイスまでの距離測定を開始します。通知されたビーコン距離測定の結果を一覧で表示します（**図4-9**）。

測定を開始すると、図4-9の右側の画面のように、測定結果が一覧で表示されます。この画面は、iOSデバイスから、15cm、1m、3.5mの距離に3個のiBeaconデバイスを置いて撮影したものです。

「ビーコン距離の測定」では、ビーコン領域内に複数のiBeaconデバイスがあると、それぞれを識別する情報（UUID、Major、Minor）と、4段階の距離情報（Immediate、Near、Far、Unknown）、メートル単位の距離が配列で通知されます。

距離の測定は、CLLocationManagerのstartRangingBeaconsInRegionメソッドで開始され、CLLocationManagerのstopRangingBeaconsInRegionメソッドによって終了します。これらのメソッドの引数は、CLBeaconRegion型のオブジェクトであり、測定するビーコン領域を渡す必要があります。これにより、アプリはビーコン領域の観測でビーコン領域に入っ

○図4-9　距離測定

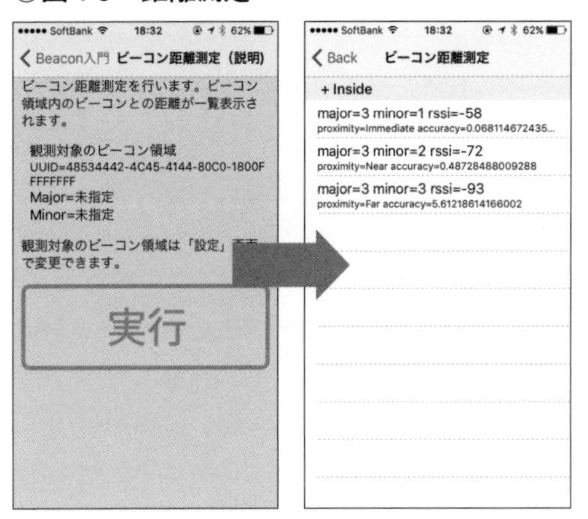

※ビーコン領域内のiBeaconデバイスの一覧が通知される。

たことを認識し、その領域内での距離を測定すればよいということがわかります。

ビーコン距離の測定結果は、didRangeBeaconsデリゲートメソッドにより通知されます。このデリゲートメソッドは、測定結果がbeacons: [CLBeacon]という配列に格納されて呼び出されます。

beacons配列には、距離が近い順にビーコン情報が格納されていますので、iOSデバイスからもっとも近くにあると思われるiBeaconデバイスの情報はbeacons[0]に格納されています。

ビーコン距離測定のイメージは**図4-10**のようになります。図中には4個のiBeaconデバイスがあります。このケースで距離を測定した場合、beacons配列には3～4個のBeaconの情報が格納されます。No.4のiBeaconデバイスは、発信する信号がギリギリ届くか届かないくらいの距離だとすると、信号が受信できなくなって一定時間が経過すると、配列に格納されなくなります。

アプリ側では、この配列を受け取った際に、距離がUnknownとして通知されたiBeaconデバイスは使用するべきではありません。

距離の測定を開始すると、測定を終了するまで、約1秒間隔でデリゲートメソッドが呼び出されます。デリゲートメソッド内から時間のかかる処理（例えば、ビーコンの識別子に対応して、大きなサイズの画像をサーバからダウンロードするなど）を実行する場合は、注意が必要です。このような場合は、デリゲートメソッド内で処理を実行せずに、非同期処理で実行するような工夫が必要となります。

「Beacon入門」アプリでのビーコン距離の測定の実装例は**リスト4-3**です。このアプリでは、ViewControllerに距離の測定処理を実装しています（リスト4-2と同じ処理部分や、画面の表示など、本質ではない部分は省略しています）。

○図 4-10　距離測定（イメージ）

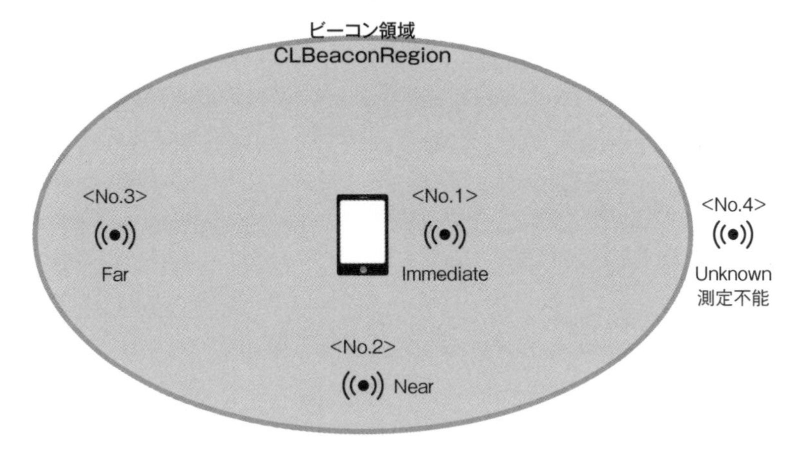

beacons配列の中身

	識別子	距離
beacons [0]	No.1 のビーコン	Immediate
beacons [1]	No.2 のビーコン	Near
beacons [2]	No.3 のビーコン	Far
beacons [3]	No.4 のビーコン	Unknown

○リスト 4-3　ビーコン距離測定の実装例（抜粋）

```
import UIKit
import CoreLocation

class Recv2ViewController: UIViewController, CLLocationManagerDelegate,
        UITableViewDelegate, UITableViewDataSource {

    var tblView : UITableView!

    // CoreLocation
    var locationManager:CLLocationManager!
    var beaconRegion:CLBeaconRegion!
    var uuid : NSUUID!
    var major :NSNumber = -1
    var minor :NSNumber = -1

    var isBeaconRanging : Bool = false

    // 受信したBeaconのリスト
    var beaconLists : NSMutableArray!

    var location : String = ""
    var msgStatus : String = ""
    var msgInOut : String = ""

    override func viewDidLoad() {
        super.viewDidLoad()
                                                                    ↗
```

○リスト4-3　ビーコン距離測定の実装例（抜粋）（続き）

```
        // App Delegateを取得
        let appDelegate:AppDelegate =
            UIApplication.sharedApplication().delegate as! AppDelegate

        // Beaconに関する初期化
        self.uuid = appDelegate.scan_uuid!
        self.major = appDelegate.scan_major
        self.minor = appDelegate.scan_minor

        // ロケーションマネージャの作成
        locationManager = CLLocationManager()

        // デリゲートを自身に設定
        locationManager.delegate = self

        // ビーコン領域の識別子を設定
        let identifierStr:NSString = "BeaconTutorial"

        // ビーコン領域の初期化
        self.beaconRegion = CLBeaconRegion(proximityUUID:uuid,
            identifier:identifierStr as String)

        if( self.major != -1 && self.minor == -1 ) {
            let majorVal:UInt16 = numericCast(self.major.integerValue)
            self.beaconRegion = CLBeaconRegion(
                proximityUUID:uuid, major: majorVal,
                identifier: identifierStr as String)
        }

        if( self.major != -1 && self.minor != -1 ) {
            let majorVal:UInt16 = numericCast(self.major.integerValue)
            let minorVal:UInt16 = numericCast(self.major.integerValue)
            self.beaconRegion = CLBeaconRegion(
                proximityUUID: uuid, major: majorVal,
                minor: minorVal, identifier: identifierStr as String)
        }

        // 画面が表示されていないときにも通知する
        // trueにすると画面が表示されているときだけ通知される
        self.beaconRegion.notifyEntryStateOnDisplay = false

        // ビーコン領域に入ったことを通知する
        self.beaconRegion.notifyOnEntry = true

        // ビーコン領域から出たことを通知する
        self.beaconRegion.notifyOnExit = true


        // 配列を初期化
        self.beaconLists = NSMutableArray()

        // 位置情報の認証のステータスを取得
        let status = CLLocationManager.authorizationStatus()
        // 許可が得られていない場合
        if(status == CLAuthorizationStatus.NotDetermined) {

            // iOS 8以降の場合は、ダイアログを表示する
            if #available(iOS 8.0, *) {
                self.locationManager.requestAlwaysAuthorization()
            }
        }
                                                                    ↗
```

○リスト4-3　ビーコン距離測定の実装例（抜粋）（続き）

```
        // 画面の初期化
        self.title = "ビーコン距離測定"

    ... 中略 ...

    }

    // セクションの数を返す
    func numberOfSectionsInTableView(tableView: UITableView) -> Int {
        return 1
    }

    // セクションのタイトルを返す
    func tableView(tableView: UITableView,
            titleForHeaderInSection section: Int) -> String? {
        return "¥(self.msgInOut) + ¥(self.msgStatus) "
    }

    // テーブルに表示する配列の総数を返す
    func tableView(tableView: UITableView,
            numberOfRowsInSection section: Int) -> Int {
        return self.beaconLists.count ──── ❶
    }

    // Cellに値を設定する
    func tableView(tableView: UITableView,
            cellForRowAtIndexPath indexPath: NSIndexPath) -> UITableViewCell {
        let cell = UITableViewCell(style: UITableViewCellStyle.Subtitle,
            reuseIdentifier: "Cell")
        let beacon : CLBeacon = self.beaconLists[indexPath.row] as! CLBeacon ─┐
                                                                              │
        let major = beacon.major.integerValue                                 │
        let minor = beacon.minor.integerValue                                 │
        let rssi = beacon.rssi                                                │
                                                                              │
        var proximity = ""                                                    │
                                                                              │
        switch (beacon.proximity) {                                           │
        case CLProximity.Unknown:                                             ├❷
            print("Proximity: Unknown");                                      │
            proximity = "Unknown"                                             │
            break;                                                            │
                                                                              │
        case CLProximity.Far:                                                 │
            print("Proximity: Far");                                          │
            proximity = "Far"                                                 │
            break;                                                            │
                                                                              ↗
```

❶TableViewのデリゲート関数ですが、ここで使用しているbeaconListsという配列は、beacons配列で受け取ったCLBeacon型のオブジェクトをコピーして格納した配列です。beacons配列は、非同期でデリゲートメソッドが呼ばれて更新されてしまうので、画面処理やネットワーク処理など、他の処理で扱う場合はbeacons配列から別の配列などにコピーしてから使うようにします。

❷TableViewに受信したCLBeacon型のオブジェクトの内容を表示するための処理です。beaconListsからCLBeacon型のオブジェクトを取り出して、TableViewに文字列として出力しています。CLBeaconクラスには次の情報が格納されています。

- proximityUUID：iBeaconデバイスのUUID
- major：iBeaconデバイスのmajor値
- minor：iBeaconデバイスのminor値
- proximity：距離（Immediate、Near、Far、Unknownの4段階の定数）
- accuracy：距離（メートル単位の数値）
- rssi：電波の強度

○リスト4-3　ビーコン距離測定の実装例（抜粋）（続き）

```
    case CLProximity.Near:
        print("Proximity: Near");
        proximity = "Near"
        break;

    case CLProximity.Immediate:
        print("Proximity: Immediate");
        proximity = "Immediate"
        break;
    }

    cell.textLabel?.text = "major=¥(major) minor=¥(minor) rssi=¥(rssi)"
    cell.detailTextLabel?.text =
        "proximity=¥(proximity) accuracy=¥(accuracy)"
                                                                    ―❷
    return cell
}

// (Delegate) 位置情報サービスの利用許可ステータスの変化で呼び出される
func locationManager(manager: CLLocationManager,
        didChangeAuthorizationStatus status: CLAuthorizationStatus) {

    print("didChangeAuthorizationStatus");

    // 認証のステータスをログで表示
    var statusStr = "";
    switch (status) {
    case .NotDetermined:
        statusStr = "NotDetermined"
        if manager.respondsToSelector("requestAlwaysAuthorization") {
            manager.requestAlwaysAuthorization()
        }

    case .Restricted:
        statusStr = "Restricted"
    case .Denied:
        statusStr = "Denied"
    case .AuthorizedAlways:
        statusStr = "AuthorizedAlways"

        // ビーコン領域の観測を開始する
        manager.startMonitoringForRegion(self.beaconRegion);

    case .AuthorizedWhenInUse:
        statusStr = "AuthorizedWhenInUse"
    }
    print(" CLAuthorizationStatus: ¥(statusStr)")
                                                                    ↗
```

○リスト4-3　ビーコン距離測定の実装例（抜粋）（続き）

```
    }

    // (Delegate): 領域観測を開始したときに呼び出される
    func locationManager(manager: CLLocationManager,
            didStartMonitoringForRegion region: CLRegion) {

        print("didStartMonitoringForRegion");

        // この時点で、ビーコン領域内にいる可能性があるため
        // ステータスのチェックを呼び出す
        manager.requestStateForRegion(self.beaconRegion);
    }

    // (Delegate): ビーコン領域のステータスを受け取る
    func locationManager(manager: CLLocationManager,
            didDetermineState state: CLRegionState,
            forRegion inRegion: CLRegion) {

        print("locationManager: didDetermineState ¥(state)")

        switch (state) {

        case .Inside:  // ビーコン領域内
            print("CLRegionStateInside:");

            // すでにビーコン領域内にいる場合は、距離測定を開始する      ─┐
            // 距離の測定を開始する                                      │
            if(self.isBeaconRanging == false) {                          ├─❸
                manager.startRangingBeaconsInRegion(self.beaconRegion);  │
                self.isBeaconRanging = true                              │
            }                                                           ─┘

            self.msgStatus = "Inside"
            break;

        case .Outside: // ビーコン領域外
            print("CLRegionStateOutside:");
            self.msgStatus = "Outside"
            break;

        case .Unknown: // 不明
            print("CLRegionStateUnknown:");
            self.msgStatus = "Unknown"
        }
        self.tblView.reloadData()

    }
                                                                           ↗
```

❸didDetermineStateデリゲートメソッドでは、ビーコン領域のステータスがInsideであった場合に、距離の測定を開始するための処理を実装しています。これはビーコン領域の観測を開始した時点で、ビーコン領域の中にいると、didEnterRegionデリゲートメソッドが呼ばれないためです。

○リスト4-3　ビーコン距離測定の実装例（抜粋）（続き）

```
// (Delegate): 距離の測定結果を受け取る
func locationManager(manager: CLLocationManager,
        didRangeBeacons beacons: [CLBeacon],
        inRegion region: CLBeaconRegion) {

    // 表示用の配列を初期化
    beaconLists = NSMutableArray()

    // Beraco領域内のiBeaconデバイスが一覧で渡される
    if(beacons.count > 0){

        // 検出したBeaconの数だけLoopをまわす
        for var i = 0; i < beacons.count; i++ {
            let beacon = beacons[i]

            // 表示用の配列にオブジェクトをコピーする
            self.beaconLists.addObject(beacon)
        }
    }
    self.tblView.reloadData()

}                                                    ❹

// (Delegate) ビーコン領域に入った
func locationManager(manager: CLLocationManager,
        didEnterRegion region: CLRegion) {
    print("didEnterRegion");

    // 距離の測定を開始する
    if( self.isBeaconRanging == false ) {
        manager.startRangingBeaconsInRegion(self.beaconRegion);   ❺
        self.isBeaconRanging = true
    }

    self.msgInOut = "Enter Region"
    self.tblView.reloadData()
}

// (Delegate) ビーコン領域の外に出た
func locationManager(manager: CLLocationManager,
        didExitRegion region: CLRegion) {
    NSLog("didExitRegion");
    // 距離の測定を終了する
    manager.stopRangingBeaconsInRegion(self.beaconRegion);   ❻
    self.isBeaconRanging = false;

    self.msgInOut = "Exit Region"
```
↗

❹didRangeBeaconsデリゲートメソッドは、距離測定の結果を受け取るためのメソッドです。ビーコン領域内のiBeaconデバイスの一覧がbeacons配列で渡されます。このメソッドは、ビーコン領域内で距離を測定している間、約1秒間隔で呼び出されます。そのため、beacons配列をそのまま表示用に使ってしまうと、何らかの理由（例えば、ユーザの操作の影響など）で、表示処理中にbeaconsが書き換えられてしまい、不具合につながる可能性があるので、他の配列に内容をコピーしたり、該当するCLBeaconオブジェクトだけを取り出して保管しておくなどの工夫が必要です。

❺didEnterRegionデリゲートメソッドでは、ビーコン距離の測定を開始するための処理を実装しています。

❻didExitRegionデリゲートメソッドでは、ビーコン距離の測定を終了するための処理を実装しています。

○リスト4-3　ビーコン距離測定の実装例（抜粋）（続き）

```
            self.tblView.reloadData()
        }

        // 画面が再表示されるとき
        override func viewWillAppear( animated: Bool ) {

            super.viewWillAppear( animated )

            if( self.isBeaconRanging == false ) {
                // ビーコン距離の測定を再開する。
                self.locationManager.startRangingBeaconsInRegion(self.beaconRegion);
                self.isBeaconRanging = true;
                print("restart monitoring Beacons")
            }
        }                                                                          ❼

        // 画面遷移などで非表示になるとき
        override func viewWillDisappear( animated: Bool ) {
            super.viewDidDisappear( animated )

            if( self.isBeaconRanging == true ) {
                // Beaconの距離の測定を停止する
                self.locationManager.stopRangingBeaconsInRegion(self.beaconRegion);
                self.isBeaconRanging = false;
                print("stop monitoring Beacons")
            }
        }                                                                          ❽

        override func didReceiveMemoryWarning() {
            super.didReceiveMemoryWarning()
            // Dispose of any resources that can be recreated.
        }
    }
```

❼❽ viewWillAppearとviewWillDisappearは、ViewControllerのデリゲートメソッドです。それぞれ、画面が再表示されるとき、画面が非表示になるときに呼び出されます。ここでは、画面が非表示になったときに、距離の測定を停止し、再表示されたときに再開するように実装しています。

4.8 ビーコンを受信して地図に表示

ここまでは、iBeaconを扱うためにCLLocationManagerクラスが提供している2つの機能について紹介しました。ここからはGPSを使った位置情報の取得、MapViewを使った地図の表示について説明します。

また、このアプリでは、アプリの動作ログを記録しています。このログを使って、第6章ではログを可視化する方法を説明しています。

この機能では、**図4-11**のようにMapViewを使った地図が表示されます。実装例は**リスト4-4**です。iBeaconデバイスを検出する前のデフォルト値として、東京駅を中心になるようにしています。この画面が表示される前に、CLLocationManagerに対して位置情報を取得します。

CLLocationManagerのstartUpdatingLocationメソッドを呼び出すと、位置情報の取得が開始されます。位置情報の取得精度（desiredAccuracy）にkCLLocationAccuracyBestを指

○図4-11　ビーコン受信＋MAP

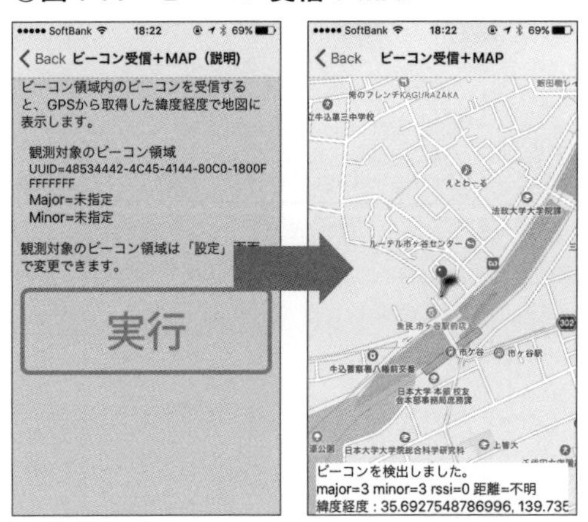

※ビーコン領域内に入るとiBeaconデバイスの距離を測定し、端末のGPS情報を元に地図上にPinを表示します。同時に、この情報をログとして記録しています。

定しているので、GPSが有効な場合はGPSから、無効な場所は携帯電話の基地局から緯度経度を割り出します。

位置情報が取得できると、didUpdateLocationsデリゲートメソッドが呼び出されます。

iBeaconデバイスを検知する（＝ビーコン領域に入る）と、距離の測定を開始します。測定結果の0番目（もっとも近いiBeaconデバイス）の情報を使って、地図にPinを表示します。このPinの緯度経度は、didUpdateLocations デリゲートメソッドで取得した緯度経度を使います。

また、このPinを表示したときのログデータとして

- **検知したiBeaconのUUID、major、minor**
- **端末の緯度、経度**
- **現在時刻**

を記録しています。

このように実装することで、iBeaconデバイスの識別情報に、現在の端末の緯度経度を組み合わせて使用できるようになります。

GPSを使った緯度経度の取得、iBeaconデバイスの識別（領域観測、距離の測定）は、どちらもデリゲートメソッドを使って非同期に呼び出されるため、両方の情報が揃ったときに処理する工夫が必要です。

この「ビーコン受信＋MAP」機能は、iBeacon対応アプリとしては基本的なものです。さらに実用的なアプリとするには、受信したiBeaconデバイスの識別子を活用する処理が必要です。例えば、お店などにiBeaconデバイスが設置されているのであれば、そのお店の情報が入ったデータベースやサーバなどから情報を取得して表示する処理などです。

○リスト4-4　ビーコン受信＋MAP表示の実装例（抜粋）

```
import UIKit
import MapKit
import CoreLocation

class Recv3ViewController: UIViewController,
        MKMapViewDelegate, CLLocationManagerDelegate {

    // MapView
    var mapView : MKMapView!
    var targetPin: MKPointAnnotation? = nil
    var timerObj : NSTimer!

    var lat : CLLocationDegrees!
    var lon : CLLocationDegrees!

    // CoreLocation
    var locationManager:CLLocationManager!
    var beaconRegion:CLBeaconRegion!
    var uuid : NSUUID!
    var major : NSNumber = -1
    var minor : NSNumber = -1

    var isBeaconRanging : Bool = false

    // 受信したBeaconのリスト
    var beaconLists : NSMutableArray!

    // メッセージ
    var lblMsg1 : UILabel!
    var lblMsg2 : UILabel!
    var lblMsg3 : UILabel!

    // ログ
    var logData:Logs!

    override func viewDidLoad() {
        super.viewDidLoad()

        // App Delegateを取得
        let appDelegate:AppDelegate =
            UIApplication.sharedApplication().delegate as! AppDelegate

        // Beaconに関する初期化
        self.uuid = appDelegate.scan_uuid!
        self.major = appDelegate.scan_major
        self.minor = appDelegate.scan_minor

        self.logData = appDelegate.logData

        // ロケーションマネージャの作成
        locationManager = CLLocationManager()
        locationManager.delegate = self          // デリゲートを自身に設定

        // 位置情報の認証のステータスを取得
        let status = CLLocationManager.authorizationStatus()
        // 許可が得られていない場合
        if(status == CLAuthorizationStatus.NotDetermined) {

            // iOS 8以降の場合は、ダイアログを表示する
            if #available(iOS 8.0, *) {
                self.locationManager.requestAlwaysAuthorization()
↗
```

○リスト4-4　ビーコン受信＋MAP表示の実装例（抜粋）（続き）

```
    }
}

// 現在地の取得のための設定
// 取得精度の設定
locationManager.desiredAccuracy = kCLLocationAccuracyBest

// 取得頻度の設定
locationManager.distanceFilter = 100

// 位置情報の取得開始
locationManager.startUpdatingLocation()

// BeaconのIdentifierを設定
let identifierStr:NSString = "BeaconTutorial"

// ビーコン領域の初期化
self.beaconRegion = CLBeaconRegion(proximityUUID:uuid,
    identifier:identifierStr as String)

if( self.major != -1 && self.minor == -1 ) {
    let majorVal:UInt16 = numericCast(self.major.integerValue)
    self.beaconRegion = CLBeaconRegion(
        proximityUUID:uuid, major: majorVal,
        identifier: identifierStr as String)
}

if( self.major != -1 && self.minor != -1 ) {
    let majorVal:UInt16 = numericCast(self.major.integerValue)
    let minorVal:UInt16 = numericCast(self.major.integerValue)
    self.beaconRegion = CLBeaconRegion(
        proximityUUID: uuid, major: majorVal,
        minor: minorVal, identifier: identifierStr as String)
}

// 画面が表示されていないときにも通知する
// trueにすると画面が表示されているときだけ通知される
self.beaconRegion.notifyEntryStateOnDisplay = false

// ビーコン領域に入ったことを通知する
self.beaconRegion.notifyOnEntry = true

// ビーコン領域から出たことを通知する
self.beaconRegion.notifyOnExit = true

// 配列をリセット
self.beaconLists = NSMutableArray()
```
↗

❶位置情報の取得を開始しています。

```
// 現在地の取得のための設定
// 取得精度の設定
locationManager.desiredAccuracy = kCLLocationAccuracyBest
// 取得頻度の設定
locationManager.distanceFilter = 100
// 位置情報の取得開始
locationManager.startUpdatingLocation()
```

❷監視対象のビーコン領域を作成しています。iBeaconに関する処理は、リスト4-2とリスト4-3とほとんど変わりません。

○リスト4-4　ビーコン受信＋MAP表示の実装例（抜粋）（続き）

```
        self.isBeaconRanging = false

        // 画面の初期化
        self.title = "ビーコン受信+MAP"

        // MapViewの生成
        mapView = MKMapView()

        // MapViewのサイズを画面全体に
        mapView.frame = self.view.bounds

        // Delegateを設定
        mapView.delegate = self

        // MapViewをViewに追加
        self.view.addSubview(mapView)

        // 中心点の緯度経度. 35.681391, 139.766052
        let centerLat: CLLocationDegrees = 35.681391
        let centerLon: CLLocationDegrees = 139.766052
        let centerCoordinate: CLLocationCoordinate2D =
            CLLocationCoordinate2DMake(centerLat, centerLon)

        // 縮尺
        let myLatDist : CLLocationDistance = 800
        let myLonDist : CLLocationDistance = 800

        // Regionを作成
        let myRegion: MKCoordinateRegion = MKCoordinateRegionMakeWithDistance(
            centerCoordinate, myLatDist, myLonDist);

        // MapViewに反映
        mapView.setRegion(myRegion, animated: true)

        // メッセージなど

        ... 中略 ...

    }

    override func didReceiveMemoryWarning() {
        super.didReceiveMemoryWarning()
        // Dispose of any resources that can be recreated.
    }

    // Regionが変更されたときに呼び出されるメソッド
    func mapView(mapView: MKMapView, regionDidChangeAnimated animated: Bool) {
        print("regionDidChangeAnimated")
```

❸MapView を作成しています。デフォルトの地図の中心点として、東京駅の緯度経度（35.681391, 139.766052）を指定しています。

○リスト4-4　ビーコン受信＋MAP表示の実装例（抜粋）（続き）

```
    }

    // 画面が再表示されるとき
    override func viewWillAppear( animated: Bool ) {

        super.viewWillAppear( animated )

        if( self.isBeaconRanging == false ) {
            // Beaconの監視を再開する。
            self.locationManager.startRangingBeaconsInRegion(self.beaconRegion);
            self.isBeaconRanging = true;
            print("restart monitoring Beacons")
        }
    }                                                                          ❹

    // 画面遷移等で非表示になるとき
    override func viewWillDisappear( animated: Bool ) {
        super.viewDidDisappear( animated )

        if( self.isBeaconRanging == true ) {
            // Beaconの監視を停止する
            self.locationManager.stopRangingBeaconsInRegion(self.beaconRegion);
            self.isBeaconRanging = false;
            print("stop monitoring Beacons")
        }
    }

    func setCenter( msg : String ) {
        let centerLat: CLLocationDegrees = self.lat
        let centerLon: CLLocationDegrees = self.lon
        let centerCoordinate: CLLocationCoordinate2D =
            CLLocationCoordinate2DMake(centerLat, centerLon)

        // 縮尺
        let myLatDist : CLLocationDistance = 800
        let myLonDist : CLLocationDistance = 800

        // Regionを作成
        let myRegion: MKCoordinateRegion = MKCoordinateRegionMakeWithDistance(   ❺
            centerCoordinate, myLatDist, myLonDist);

        // MapViewに反映
        mapView.setRegion(myRegion, animated: true)

        // pinを表示する
        let now = NSDate() // 現在日時の取得
        let dateFormatter = NSDateFormatter()
        dateFormatter.locale = NSLocale(localeIdentifier: "ja_JP") // ロケールの設定
                                                                              ↗
```

❹画面の再表示されるときと画面が表示されなくなるときの処理です。距離測定のケースと同じように、画面が非表示になったときに、距離測定を中断するような工夫が必要です。
❺地図の中心を移動し、Pinを表示する関数です。❽の処理の中で、緯度経度とiBeaconデバイスを識別する情報が揃ったときに呼び出しています。

○リスト4-4　ビーコン受信＋MAP表示の実装例（抜粋）（続き）

```
        dateFormatter.timeStyle = .MediumStyle
        dateFormatter.dateStyle = .MediumStyle

        let pin = MKPointAnnotation()

        // 座標を設定
        let center: CLLocationCoordinate2D =
            CLLocationCoordinate2DMake(self.lat, self.lon)
        pin.coordinate = center                                          ―❺

        // タイトルを設定
        pin.title = dateFormatter.stringFromDate(now)   // YYYY/MM/DD HH:MM:SS
        pin.subtitle = msg

        // MapViewにピンを追加
        mapView.addAnnotation(pin)
    }

    func updateMessage( msg : String ) {
        self.lblMsg1.text = msg
    }

    func updateBeacon( msg : String ) {
        self.lblMsg2.text = msg
    }

    func updateLocation( msg : String ) {
        self.lblMsg3.text = msg
    }

    // (Delegate)位置情報取得に成功したときに呼び出されるデリゲート
    func locationManager(manager: CLLocationManager,
            didUpdateLocations locations: [CLLocation]){

        self.lat = manager.location!.coordinate.latitude
        self.lon = manager.location!.coordinate.longitude           ―❻

        let msg : String = "緯度経度 : ¥(self.lat), ¥(self.lon)"
        updateLocation(msg)
    }

    // (Delegate)位置情報取得に失敗したときに呼び出されるデリゲート
    func locationManager(manager: CLLocationManager,
            didFailWithError error: NSError){
        print("locationManager error", terminator: "")
    }

    // (Delegate) 位置情報サービスの利用許可ステータスの変化で呼び出される
```
↗

❻didUpdateLocationsデリゲートメソッドです。startUpdatingLocationにより位置情報の取得を開始すると、位置情報が更新されるたびに、このデリゲートメソッドが呼び出されます。受け取ったmanagerオブジェクトから、緯度経度を取り出して、変数に代入しておきます。

self.lat = manager.location!.coordinate.latitude
self.lon = manager.location!.coordinate.longitude

◯リスト4-4　ビーコン受信＋MAP表示の実装例（抜粋）（続き）

```
func locationManager(manager: CLLocationManager,
        didChangeAuthorizationStatus status: CLAuthorizationStatus) {

    print("didChangeAuthorizationStatus");

    // 認証のステータスをログで表示
    var statusStr = "";
    switch (status) {
    case .NotDetermined:
        statusStr = "NotDetermined"
        if manager.respondsToSelector("requestAlwaysAuthorization") {
            manager.requestAlwaysAuthorization()
        }

    case .Restricted:
        statusStr = "Restricted"
    case .Denied:
        statusStr = "Denied"
    case .AuthorizedAlways:
        statusStr = "AuthorizedAlways"

        // ビーコン領域の観測を開始する
        manager.startMonitoringForRegion(self.beaconRegion);

    case .AuthorizedWhenInUse:
        statusStr = "AuthorizedWhenInUse"
    }
    print(" CLAuthorizationStatus: ¥(statusStr)")
}

// (Delegate): 領域観測を開始したときに呼び出される
func locationManager(manager: CLLocationManager,
        didStartMonitoringForRegion region: CLRegion) {

    print("didStartMonitoringForRegion");

    // この時点で、ビーコン領域内にいる可能性があるため
    // ステータスのチェックを呼び出す
    manager.requestStateForRegion(self.beaconRegion);
}

// (Delegate): ビーコン領域のステータスを受け取る
func locationManager(manager: CLLocationManager,
        didDetermineState state: CLRegionState,
        forRegion inRegion: CLRegion) {

    print("locationManager: didDetermineState ¥(state)")

    switch (state) {

    case .Inside: // ビーコン領域内
        print("CLRegionStateInside:");

        manager.startRangingBeaconsInRegion(self.beaconRegion);
        self.isBeaconRanging = true

        updateMessage("ビーコンを検出しました。")
        break;

    case .Outside: // ビーコン領域外
        print("CLRegionStateOutside:");
```

○リスト 4-4　ビーコン受信＋MAP 表示の実装例（抜粋）（続き）

```
            updateMessage("ビーコンが見つかりません。")
            break;

        case .Unknown:// 不明
            print("CLRegionStateUnknown:");

            updateMessage("不明")

        }
    }

    // (Delegate): 距離の測定結果を受け取る
    func locationManager(manager: CLLocationManager,
            didRangeBeacons beacons: [CLBeacon],
            inRegion region: CLBeaconRegion) {

        // 表示用の配列を初期化
        beaconLists = NSMutableArray()

        // Beraco領域内のiBeaconデバイスが一覧で渡される。
        if(beacons.count > 0){

            // 検出したBeaconの数だけLoopをまわす
            for var i = 0; i < beacons.count; i++ {
                let beacon = beacons[i]

                // 表示用の配列にオブジェクトをコピーする
                self.beaconLists.addObject(beacon)
            }

            // 位置情報のチェックとpinを描画する処理を呼び出す
            checkLocation()
        }
    }

    // (Delegate) ビーコン領域に入った
    func locationManager(manager: CLLocationManager,
            didEnterRegion region: CLRegion) {
        print("didEnterRegion");

        // Rangingを始める
        manager.startRangingBeaconsInRegion(self.beaconRegion);
        self.isBeaconRanging = true
    }

    // (Delegate) ビーコン領域の外に出た
    func locationManager(manager: CLLocationManager,
```

❼ didRangeBeacons デリゲートメソッドは、距離測定の結果を受け取ります。ここでは、1 つ以上の iBeacon を受け取った場合（配列が空でない場合）に、表示用の配列に CLBeacon オブジェクトをコピーし、❽の checkLocation を呼び出します。

○リスト4-4　ビーコン受信＋MAP表示の実装例（抜粋）（続き）

```
            didExitRegion region: CLRegion) {
        NSLog("didExitRegion");

        // Rangingを停止する
        manager.stopRangingBeaconsInRegion(self.beaconRegion);
        self.isBeaconRanging = false;
    }

    func checkLocation() {
        if( self.lat == 0 || self.lon == 0 ) {
            // 位置情報が取得できていないので無視する
            return
        }

        if(self.beaconLists.count == 0 ) {
            return
        }

        // もっとも近いビーコンで計測する
        let beacon : CLBeacon = self.beaconLists[0] as! CLBeacon

        let major = beacon.major.integerValue
        let minor = beacon.minor.integerValue
        let rssi = beacon.rssi
        var proximity = ""

        switch (beacon.proximity) {
        case CLProximity.Unknown:
            proximity = "不明"
            break;

        case CLProximity.Far:
            proximity = "遠い"
            break;

        case CLProximity.Near:
            proximity = "近い"
            break;

        case CLProximity.Immediate:
            proximity = "極近い"
            break;
        }

        let msg : String =
            "major=¥(major) minor=¥(minor) rssi=¥(rssi) 距離=¥(proximity)"
        updateBeacon(msg)
        setCenter(msg)
```

❽この機能のメインとも言える処理です。self.latとself.lonに緯度経度が入っていない場合は処理しないようにしています。受け取ったiBeaconの配列から0番目のCLBeaconオブジェクトを処理しています。これは一番近いiBeaconを処理しているということです。位置情報（緯度経度）と、iBeaconの識別情報を使って、地図にPinを表示し、ログデータに記録します。

○リスト4-4　ビーコン受信＋MAP表示の実装例（抜粋）（続き）

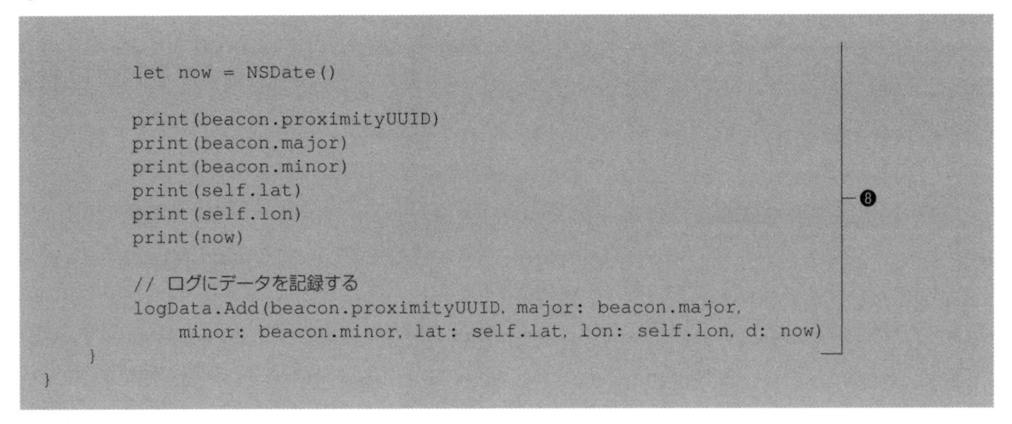

```
            let now = NSDate()

            print(beacon.proximityUUID)
            print(beacon.major)
            print(beacon.minor)
            print(self.lat)
            print(self.lon)
            print(now)

            // ログにデータを記録する
            logData.Add(beacon.proximityUUID, major: beacon.major,
                minor: beacon.minor, lat: self.lat, lon: self.lon, d: now)
        }
}
```

4.9 iPhoneをビーコンにする

Core Bluetoothフレームワークには、BLE技術を活用するのに必要なクラス群が用意されています。Core Bluetoothフレームワークに用意されたCBPeripheralManagerというクラスを使用すると、iPhoneやiPadなどのiOSデバイスをBLEペリフェラル（周辺機器）として機能させ、ビーコン信号を発信できます（**図4-12**）。

「Beacon入門」アプリでは、Core Bluetoothを使用してiPhone/iPadからビーコン信号を発信する機能があります（**図4-13**）。

ビーコン信号の発信には、CBPeripheralManagerに用意されたstartAdvertisingメソッドを使用します。このメソッドにiBeaconのフォーマットを渡すことで、iOSデバイスからiBeaconの信号を発信することができます。iBeaconのフォーマットは、発信するUUID、Major、Minorを指定したCLBeaconRegion型のオブジェクトのperipheralDataWith

○図4-12　Core Bluetoothフレームワークの位置づけ

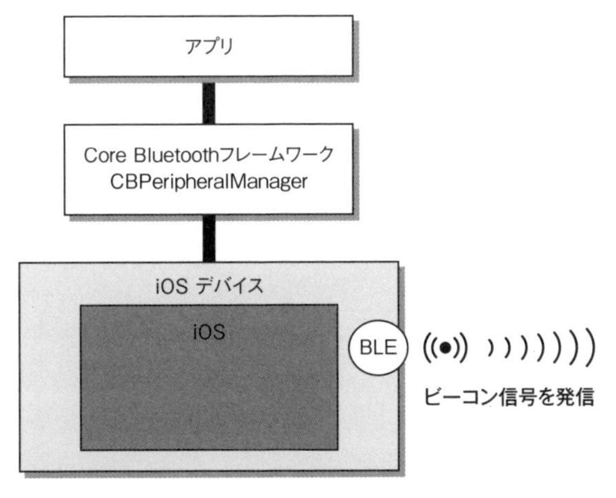

○図4-13　ビーコン発信

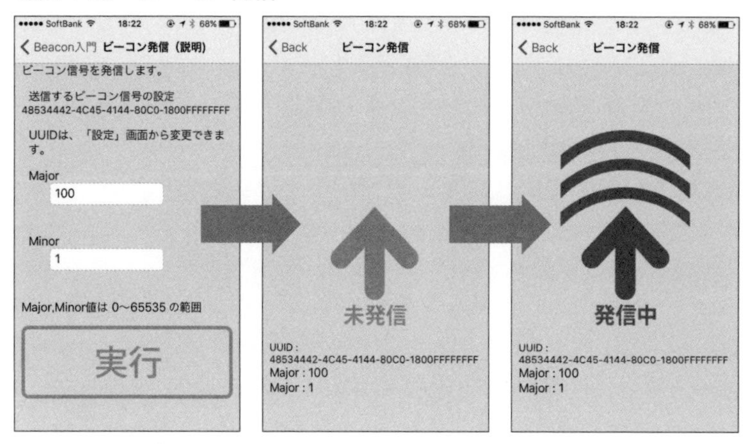

※上矢印をタップすると、指定したUUID/Major/MinorでiBeaconデバイスと同じように信号を発信します。

MeasuredPowerメソッドで作成できます。

発信の手順を実装するソースコードは、**リスト4-5**のとおりです。

送信する値として、

- UUID　：48534442-4C45-4144-80C0-1800FFFFFFFF
- Major　：100
- Minor　：1

を指定して作成したiBeaconのデータフォーマットは次のようになります。

48534442 4C454144 80C01800 FFFFFFFF 00640001 C8

このデータをstartAdvertisingメソッドに渡すことで、ビーコン信号が発信されていることがわかります。また、ビーコン信号の発信を停止するときには、CBPeripheralManagerのstopAdvertisingメソッドを使用します。

○リスト4-5　ビーコン発信の手順

```
let beaconRegion = CLBeaconRegion(proximityUUID: uuid!, major: major,
    minor: minor, identifier: identifier)

let beaconPeripheralData =
    NSDictionary(dictionary: beaconRegion.peripheralDataWithMeasuredPower(nil))

pheripheralManager.startAdvertising((beaconPeripheralData as! [String : AnyObject]))
```

ビーコン発信機能のソースコードは**リスト4-6**のとおりです。

○リスト4-6　ビーコン発信の実装例（抜粋）

```
import UIKit
import CoreLocation   ─┐
import CoreBluetooth  ─┘❶

class SendViewController: UIViewController, CBPeripheralManagerDelegate {

    var btnSend : UIButton!

    var imgNoSend : UIImage!
    var imgSending : UIImage!

    var lblUUID : UILabel!
    var lblMajor : UILabel!
    var lblMinor : UILabel!

    var status : Bool = false

    // PheripheralManager                                                   ─┐
    var pheripheralManager:CBPeripheralManager!                              │
                                                                             │
    // CoreLocation                                                          │
    var beaconRegion:CLBeaconRegion!                                         │
                                                                             │
    // BeaconのIdentifierを設定                                              ├❷
    let identifierStr:NSString = "BeaconTutorial"                            │
    let uuid:NSUUID? = NSUUID(UUIDString: "48534442-4C45-4144-80C0-1800FFFFFFFF")
                                                                             │
    // MajorId,MinorId                                                       │
    var major:CLBeaconMajorValue = 100                                       │
    var minor:CLBeaconMinorValue = 1                                        ─┘

    var statusStr = "";

    override func viewDidLoad() {
        super.viewDidLoad()

        // Controllerのタイトルを設定する
        self.title = "ビーコン発信"

        ... 中略 ...

        // PeripheralManagerを定義
        pheripheralManager = CBPeripheralManager(delegate: self, queue: nil)
                                                                             ↗
```

❶CoreLocation、CoreBluetooth を import します。CLBeacon などのビーコンに関する型が CoreLocation に含まれているので、CoreLocation も import する必要があります。
❷送信に必要なオブジェクトやデータを定義しています。

○リスト4-6　ビーコン発信の実装例（抜粋）（続き）

```
    }

    override func viewWillAppear( animated: Bool ) {
    }

    override func viewDidAppear(animated: Bool) {
    }

    // 画面遷移等で非表示になるとき                              ─┐
    override func viewWillDisappear( animated: Bool ) {          │
        super.viewDidDisappear( animated )                       │
                                                                 ├─❸
        if( self.status == true ) {                              │
            stop_sending()                                       │
        }                                                        │
    }                                                           ─┘

    // 端末の向きがかわったら呼び出される
    func onOrientationChange(notification: NSNotification) {
    }

    override func didReceiveMemoryWarning() {
        super.didReceiveMemoryWarning()
        // Dispose of any resources that can be recreated
    }

    // ボタンイベント
    internal func onClickButton(sender: UIButton) {

        if( sender.tag == 1 ) {
            if( self.status == false ) {
                // 送信開始
                self.status = true
                self.btnSend.setImage(self.imgSending,
                    forState: UIControlState.Normal)
                start_sending()
            } else {
                // 送信終了
                self.status = false
                self.btnSend.setImage(self.imgNoSend,
                    forState: UIControlState.Normal)
                stop_sending()
            }
        }
    }

    func start_sending(){                  ─┐
        print("start Sending Beacon")       ├─❹
```

❸viewWillDisappearは、画面が非表示になる場合に呼ばれるデリゲートメソッドです。このプログラムの場合は、画面が非表示になったら、ビーコン信号の発信を停止するような処理を実装しています。

○リスト4-6　ビーコン発信の実装例（抜粋）（続き）

```
        // iBeaconのIdentifier
        let identifier = "iBeacon"

        // BeaconRegionを定義
        let beaconRegion = CLBeaconRegion(proximityUUID: uuid!, major: major,
            minor: minor, identifier: identifier)

        // Advertisingのフォーマットを作成
        let beaconPeripheralData = NSDictionary(
            dictionary: beaconRegion.peripheralDataWithMeasuredPower(nil))

        // Advertisingを発信
        pheripheralManager.startAdvertising(
            (beaconPeripheralData as! [String : AnyObject]))
    }                                                                      ❹

    func stop_sending() {
        print("stop Sending Beacon")
                                                      ❺
        pheripheralManager.stopAdvertising()
    }

    func peripheralManagerDidUpdateState(peripheral: CBPeripheralManager) {
        print("peripheralManagerDidUpdateState")
    }

    func peripheralManagerDidStartAdvertising(
            peripheral: CBPeripheralManager, error: NSError?) {
        print("peripheralManagerDidStartAdvertising")
    }
}
```

❹start_sendingメソッドは、ビーコン信号の発信を開始するメソッドです。
❺stop_sendingメソッドは、ビーコン信号の発信を停止するメソッドです。

4.10 Macをビーコンにする

Bluetooth 4.0に対応しているMacであれば、ビーコン信号を発信できます。ここでは、iBeaconやEddystoneといった実物のビーコンデバイスがなくても、Macを使って「Beacon入門」アプリの動作確認する方法を紹介します。

Macがビーコン化可能かどうかを確認する

古いMacでは対応していないものもあります。次の機種がBLEに対応しています。

- MacBook Air（Mid 2011以降）
- MacBook Pro（Mid 2012以降）
- MacBook（Early 2015以降）
- Mac mini（Mid 2011以降）

- iMac（Late 2012以降）
- Mac Pro（Late 2013以降）

次にOSが対応しているかどうかを確認します。まず、デスクトップ左上の「りんごマーク」から［このMacについて］→［概要］タブ→［システムレポート］を選択します。

左のメニューの［ハードウェア］→［Bluetooth］で「LMPのバージョン」を確認します（**図4-14**）。

LMPのバージョンが「0x6」になっていれば、Macをビーコン化することが可能です（ただし、機種やOSのバージョンによっては値が「0x6」となっていても動作しない場合があるようです）。

動作環境を揃える

まず、MacのBluetoothを有効にします。さらにビーコンとして動かす場合はサーバサイドJavaScript環境である「Node.js」を動作させる必要があります。Node.jsをインストールする方法はさまざまありますが、ここではHomebrewパッケージマネージャにてインストールする方法を説明します。

アプリケーションよりターミナルを開き、brewコマンドをインストールします。

○図4-14　LMPのバージョン

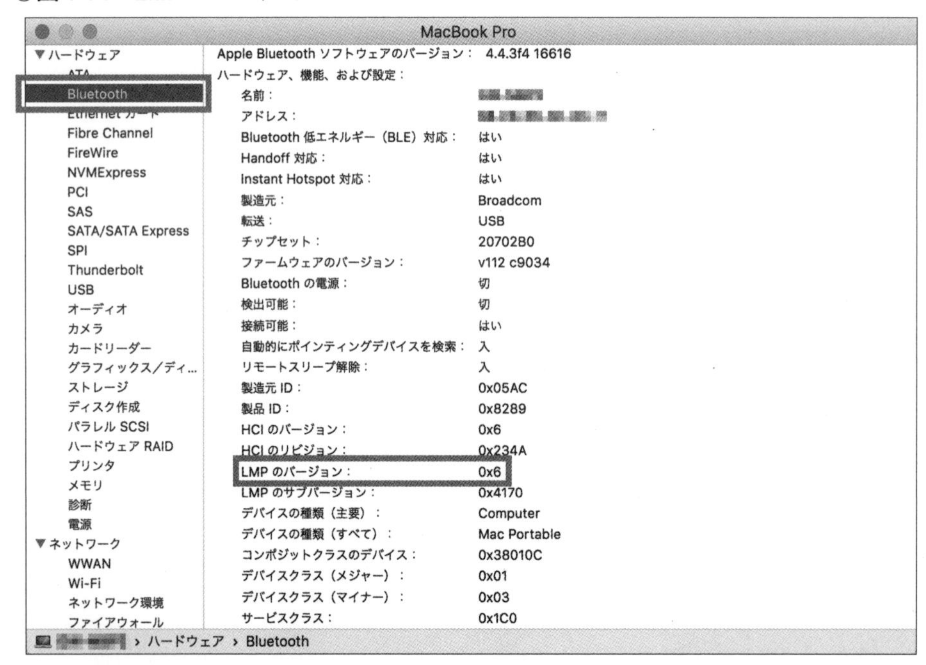

```
$ ruby -e "$(curl -fsSL https://raw.githubusercontent.com/Homebrew/
install/master/install)"
```

/usr/local/bin/brewがインストールされます。/usr/local/binにコマンドパスが設定されていない場合は、~/.bash_profileなどでPATH変数に「/usr/local/bin」を追加してください。

次に、Node.jsをインストールします。Node.jsは最新版ではなくLTS（Long Term Support；長期サポート）版を選択します。

```
$ brew install homebrew/versions/node4-lts
```

Node.jsがインストールされたことを確認します（v4.2.2は本書執筆の時点のLTS版のバージョンです）。

```
$ node -v
v4.2.2
```

動作ディレクトリを作成します。ここではホームディレクトリ配下に「beacon-test」という名前のディレクトリを作成する場合です。

```
$ mkdir ~/beacon-test
$ cd ~/beacon-test
```

次に、Node.jsと一緒にインストールされたnpmコマンドを使ってMacをビーコン化するためのライブラリをインストールします。

- iBeacon用ライブラリ：bleacon
  https://github.com/sandeepmistry/node-bleacon
- Eddystone用ライブラリ：eddystone-beacon
  https://github.com/google/eddystone

```
$ npm install bleacon
$ npm install eddystone-beacon
```

~/beacon-test/node_modulesディレクトリが作られ、配下にライブラリがインストールされます。

```
$ ls ~/beacon-test/node_modules/
bleacon        eddystone-beacon
```

iBeacon化する

viエディタを使ってiBeacon発信プログラムのコードを書きます。

```
$ vi ibeacon.js
```

プログラムは次のようになります（左の数字は行番号です）。

```
1 iBeacon = require('bleacon');
2
3 var uuid = '48534442-4C45-4144-80C0-1800FFFFFFFF';
4 var major = 3;
5 var minor = 3;
6 var measuredPower = -59;
7
8 iBeacon.startAdvertising(uuid, major, minor, measuredPower);
```

3～5行目のuuid/major/minor変数の値は適宜変えてください。

作成したibeacon.jsをNode.jsのWebアプリケーションとして動作させることでiBeaconの発信が始まります。

```
$ node ~/beacon-test/ibeacon.js
```

「ビーコン入門」アプリでMacからのビーコン信号を確認できます（**図4-15**）。ビーコン発信を終了する場合は、ターミナルで Ctrl ＋ c を入力します。

◯図4-15　ビーコン信号（iBeacon）の受信確認

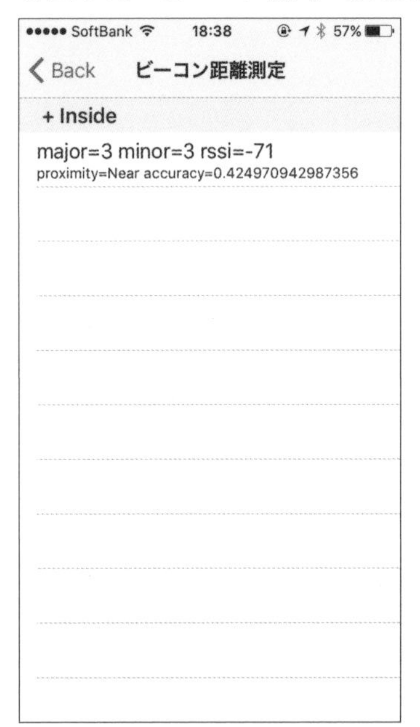

Eddystone-URL化する

viエディタを使ってEddystone-URL発信プログラムのコードを書きます。

```
$ vi eddystone.js
```

プログラムは次のようになります（左の数字は行番号です）。

```
1 Eddystone = require('eddystone-beacon');
2
3 var url = 'http://goo.gl/x9UWzK';
4
5 Eddystone.advertiseUrl(url);
```

3行目ではurl変数に転送させたいURLを代入します。転送先URLはあらかじめhttps://goo.glなどの短縮URLサービスを利用して変換しておき、その値を貼り付けます。

作成したeddystone.jsをNode.jsのWebアプリケーションとして動作させることでEddystoneの発信が始まります。

```
$ node ~/beacon-test/eddystone.js
```

Eddystoneの発信を終了する場合は、ターミナルでCtrl＋cを入力します。

Eddystoneの信号をスマートフォンから確認するには、Eddystone対応のアプリが必要です。Eddystone-URLは、「Physical Web」アプリ（iOS版、Android版のどちらも無料でダ

○図4-16　ビーコン信号（Eddystone）の受信確認

ウンロードできます）から確認できます。**図4-16**は、Physical Webアプリで、MacからのEddy stone-URL信号を受信した場合の表示例です。このように、まちなかビーコン普及協議会のWebサイトのURLが送られてきていることが確認できます。

4.11 おわりに

iBeacon対応のアプリの実装方法として、ビーコン領域の観測、ビーコンの距離測定、ビーコンと位置情報の組み合わせなどを説明しました。

ここでは、画面のロジックにビーコンを処理するロジックを直接組み込みましたが、実用的なアプリとするには、画面に埋め込むのではなく、独立したオブジェクトとして動作するクラスにしたほうが応用しやすいでしょう。

また、iOSでは、バックグラウンド（アプリが実行中でない場合）にも、iBeaconデバイスを検出した通知を受け取ることができます。バックグラウンドでの処理も、ここで説明したビーコン領域の観測を応用すれば、比較的簡単に実装できると思います。

Part2 実装編

第5章 iBeaconに対応するAndroidアプリの実装方法（Java編）

本章では、Androidアプリの実装方法を説明します。紙幅の都合によりすべてのソースコードは掲載できませんが、基本的な考え方は前章のiOSアプリと同様です。具体的なライブラリやソースコードを見ていきましょう。

5.1 はじめに

本章では、アプリ開発者のためにiBeacon対応Androidアプリの実装方法を説明します。

Androidスマートフォンの普及の割合などを考えると、iBeaconをiOS専用と割り切るのではなく、Android向けにもアプリを開発したいと考える人も多いでしょう。ただし、Androidアプリの場合は、Android OSがiBeaconをサポートしていないため、iBeaconが登場してすぐの頃は、実装が困難でした。

現在では、iOSと同様に簡単に実装ができるオープンなライブラリも登場しています。本章では、そのライブラリを用いた実装方法を中心に説明します。iOSアプリの開発者の方は、AndroidとiOSにおけるiBeaconの扱いの違いも参考になると思います。

また、iOS版と同じように、「Beacon入門」という名前のアプリをGoogle Playで公開していますので、Android版のiBeacon対応アプリで何ができるかを確認してみてください。

5.2 AndroidアプリにおけるiBeaconの扱い

AndroidはOSとしてiBeaconを正式にサポートしていませんが、Android 4.3（Jelly Bean）からBLEに対応したので、iBeaconをBLEデバイスとして扱うことができます（残念ながらAndroid 4.3以前ではBLEデバイスを扱えないため、すべてのAndroid端末に対してサービスを提供することはできません）。

Androidでは、Bluetoothデバイスを扱うためのクラス「BluetoothAdapter」が用意されています。

- BluetoothAdapter クラス
  http://developer.android.com/reference/android/bluetooth/BluetoothAdapter.html

○図5-1　BluetoothAdapterを使用した実装

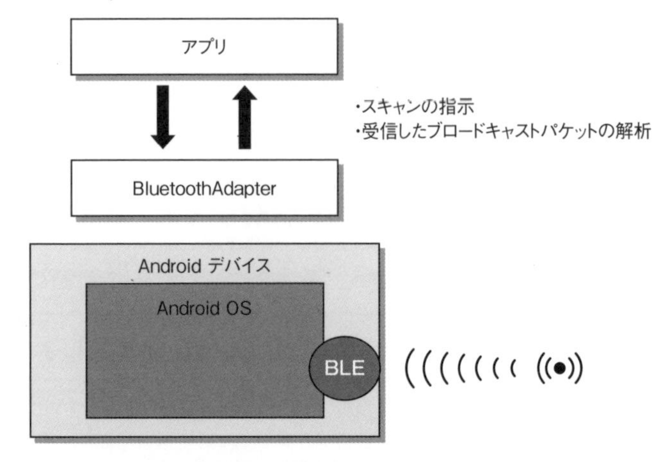

BluetoothAdapterクラスは、iBeacon専用ではなく、Androidデバイスに搭載されたBluetoothを扱うための低水準ライブラリです。これはアプリ開発者がBluetooth機器の一種として、一から実装すれば、iBeaconを使うことができるというものです。

BluetoothAdapterを使ってiBeaconに関する処理を実装する場合、アプリ内からBLE機器のスキャン処理を呼び出します。ブロードキャストパケットを受信し、パケットを解析して、iBeaconからのパケットである場合に、識別情報であるUUID、Major、Minor、電波強度などの情報を取り出します。

この方法を使うことにより、Android用アプリからもiBeaconを探して、UUID、Major、Minorなどの識別情報を取得できます。

ただし、iOSのようにiBeaconとして特定しているわけではないため、周辺にあるすべてのBLEデバイス（例えば、BLE対応のワイヤレスマウスやワイヤレスキーボード、ワイヤレスヘッドフォンなど）からのブロードキャストパケットも受信してしまいます。このため、これらのパケットとiBeaconからのパケットを切り分ける処理が必要となります。また、iBeaconと識別できたとしてもiBeaconとの距離は取得できないため、電波強度などから自前で距離を計算しなければいけません。その際、Androidデバイスごとに搭載しているBluetoothチップが異なるため、距離を計算するには、Bluetoothチップの違いを知る必要があります。

そのため、本書ではBluetoothAdapterは使いません。興味のある方は試してみてください。

AltBeaconライブラリ

筆者がオススメするのは、オープンなライブラリ「AltBeacon」です。

- AltBeaconの公式サイト
  http://altbeacon.org/

○図5-2　AltBeaconライブラリを使用した実装

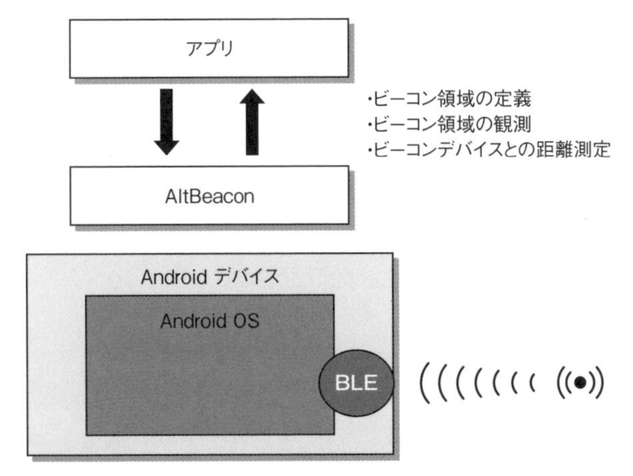

Part1 基本編
Part2 実装編
Part3 活用編
Part4 実用編
Appendix

このライブラリを使うことにより、iOSでCoreLocationを使用するのと同等にiBeaconデバイスを扱うことができます。

5.3 開発環境の概要

本章では、Androidアプリの開発環境としてAndroid Studioを使用します（Android Studioでの開発環境の構築やGoogle Developerへの登録方法については割愛します）。

実装したアプリの動作を確認する環境として、BLE対応のAndroidデバイス（Android 4.3以降）とiBeaconデバイスが必要です。2013年以降に出荷されたAndroid端末であれば、多くの端末がBLEに対応していますが、お手持ちの機種がBLEに対応しているかどうかは、メーカーのWebサイトなどで確認してください。

iBeaconデバイスが入手できない場合は、iOSデバイス（例えばiPhone）に、「Beacon入門」アプリをインストールすれば、iPhoneをiBeaconデバイスとして使用できます。また、MacをiBeaconデバイスにすることも可能です（79ページ）。

5.4 「Beacon入門」アプリ

本章で説明している内容を実際に実装したiBeacon対応アプリとして、Android版の「Beacon入門」アプリをGoogle Playで公開しています。Beacon入門アプリでは、次の機能を実行できます。

- ビーコン領域の観測
- ビーコン距離測定
- ビーコン受信＋MAP
- ログの確認

実際にアプリを動かしながら読み進めると、より理解が進むでしょう。

5.5 Android.Manifest

AndroidアプリからBluetoothを使用するため、Android.Manifestファイルへの記述が必要です。「Beacon入門」アプリでは、**リスト5-1**のような記述を追加しています。

リスト5-1で、Bluetoothに関する記述は次の2行です。

```
<uses-permission android:name="android.permission.BLUETOOTH"/>
<uses-permission android:name="android.permission.BLUETOOTH_ADMIN"/>
```

その他の記述は、位置情報の取得やGoogleMapを使うために記述しています。

○リスト5-1　Android.Manifest

```
<uses-permission android:name="android.permission.INTERNET" />
<uses-permission android:name="android.permission.BLUETOOTH"/>
<uses-permission android:name="android.permission.BLUETOOTH_ADMIN"/>

<uses-permission android:name="android.permission.ACCESS_COARSE_LOCATION" />
<uses-permission android:name="android.permission.ACCESS_FINE_LOCATION" />

<uses-permission android:name="android.permission.ACCESS_NETWORK_STATE" />
<uses-permission android:name="android.permission.WRITE_EXTERNAL_STORAGE" />
<uses-permission android:name=
  "com.google.android.providers.gsf.permission.READ_GSERVICES" />
```

「Beacon入門」アプリでは、アプリ内でGoogle Mapを表示するため、GoogleMaps APIも使用します（Google Maps APIをアプリから使うための設定方法は省略します）。

5.6 AltBeaconライブラリ

AltBeaconライブラリは、Creative Commonsライセンスで提供されているライブラリです。GitHubからダウンロードしてプロジェクトに導入してください。

https://github.com/AltBeacon/android-beacon-library

Android Studioでは、build.gradleに記述を追加して、オンラインで取り込む方法が簡単です。build.gradleのdependenciesに、次の1行を追加してください。

```
compile 'org.altbeacon:android-beacon-library:2.+'
```

「Beacon入門」アプリのbuild.gradleファイルのdependenciesは、次のように記述しています。

```
dependencies {
  compile fileTree(dir: 'libs', include: ['*.jar'])
  testCompile 'junit:junit:4.12'

  compile 'com.android.support:appcompat-v7:23.1.1'
  compile 'com.android.support:support-v4:23.1.1'
  compile 'org.altbeacon:android-beacon-library:2.+'
  compile 'com.android.support:recyclerview-v7:23.1.1'
  compile 'com.google.android.gms:play-services:8.4.0'
}
```

AltBeaconライブラリでは、BeaconManagerのインスタンスを使用してiBeaconを取り扱います。

BeaconManagerのインスタンスは、次のように作成します。

```
mBeaconManager = BeaconManager.getInstanceForApplication(this);
```

Beacon入門アプリでは、このインスタンスをMainとなるActivityで作成しています。

AltBeaconはiBeacon専用ではないので、iBeaconのデータフォーマットを指定する必要があります。iBeaconのデーアフォーマットとして、iBeaconが発信するブロードキャストパケット内のUUID、Major、Minorが格納されているバイト位置とサイズを指定します。

```
static String IBEACON_FORMAT = "m:2-3=0215,i:4-19,i:20-21,i:22-23,p:24-24";
mBeaconManager.getBeaconParsers().
    add(new BeaconParser().setBeaconLayout(IBEACON_FORMAT));
```

ここで作成したBeaconManagerのインスタンスは、サービスとして実行します。「Beacon入門」の場合、次のようにFragmentのonResumeでサービスを開始し、onPauseでサービスを停止しています。

```
@Override
public void onResume() {
    super.onResume();
    Log.d(TAG, "onResume this.mBeaconManager#bind");
    this.mBeaconManager.bind(this); // サービスの開始
}

@Override
public void onPause() {
    super.onPause();
    Log.d(TAG, "onResume this.mBeaconManager#unbind");
    this.mBeaconManager.unbind(this); // サービスの停止
}
```

ここまでで、AndroidアプリからiBeaconを扱うための準備が整いました。実用的なアプリの場合、iBeaconデバイスを扱うためのクラスをActivityやFragmentから使用することになります。

「Beacon入門」では、各機能を単体で動作させるために、Fragment内にiBeaconデバイスを扱う処理を実装しています。

5.7 ビーコン領域の観測

では、AltBeaconを使って「ビーコン領域の観測」をしてみましょう。AltBeaconでは、Regionクラスを使ってビーコン領域を定義します。UUID、Major、Minorを指定したビーコン領域を次のように定義します。

```
Identifier scan_uuid = Identifier.parse("48534442-4C45-4144-80C0-1800FFFFFFFF");
Identifier scan_major = Identifier.parse( Integer.toString(3) );
Identifier scan_minor = Identifier.parse( Integer.toString(1) );

mRegion = new Region("townbeacon", scan_uuid, scan_major, scan_minor);
```

このように、UUID、Major、Minorは、Identifier型で指定する必要があります。なお、UUIDだけを指定したビーコン領域を定義する場合は、次のようにMajorとMinorには、nullを指定してください。

```
mRegion = new Region("townbeacon", scan_uuid, null, null);
```

BeaconManagerのサービスと接続するクラスは、BeaconConsumerインタフェースを実装して作成します。BeaconConsumerインタフェースとして実装しなければならないメソッドがonBeaconServiceConnectです。onBeaconServiceConnectは**リスト5-2**のような構造で

○リスト5-2　onBeaconServiceConnectメソッド（例）

```
@Override
public void onBeaconServiceConnect() {

    // BeaconManagerクラスのモニタリング通知受取り処理
    mBeaconManager.setMonitorNotifier(new MonitorNotifier() {
        @Override
        public void didEnterRegion(Region region) {

        /// ビーコン領域に入った場合の処理

        }

        @Override
        public void didExitRegion(Region region) {

        /// ビーコン領域から出た場合の処理

        }

        @Override
        public void didDetermineStateForRegion(
                final int status, final Region region) {

        /// ビーコン領域のステータスが変化した場合の処理

        }
    });

    // 領域観測を開始する処理
    try {
        mBeaconManager.startMonitoringBeaconsInRegion(mRegion);

    } catch (RemoteException e) {
        e.printStackTrace();
    }
}
```

Part1 基本編
Part2 実装編
Part3 活用編
Part4 実用編
Appendix

記述します。

iOS版の実装では、デリゲートメソッドという形で各種通知メソッドが呼び出されていましたが、AltBeaconではサービスのリスナとして作成するonBeaconServiceConnectの内部メソッドとして、didEnterRegionやdidExitRegionなどが呼び出されます。

「Beacon入門」アプリの「ビーコン領域の観測」機能では、ビーコン領域に入ったときと、ビーコン領域から外れたときに、それぞれ呼び出されるdidEnterRegionとdidExitRegionから、AlertDialogを使ってダイアログを表示するよう実装しています。

ビーコン領域に入った場合、**図5-3**のように表示が変化します。

また、ビーコン領域から外れた場合、**図5-4**のように表示が変化します。

これらの処理を実装した「領域観測」のFragmentのソースコードは**リスト5-3**のとおりです（画面処理など、本質的ではない部分は省略しています）。

○図5-3　領域観測（ビーコン領域に入る）

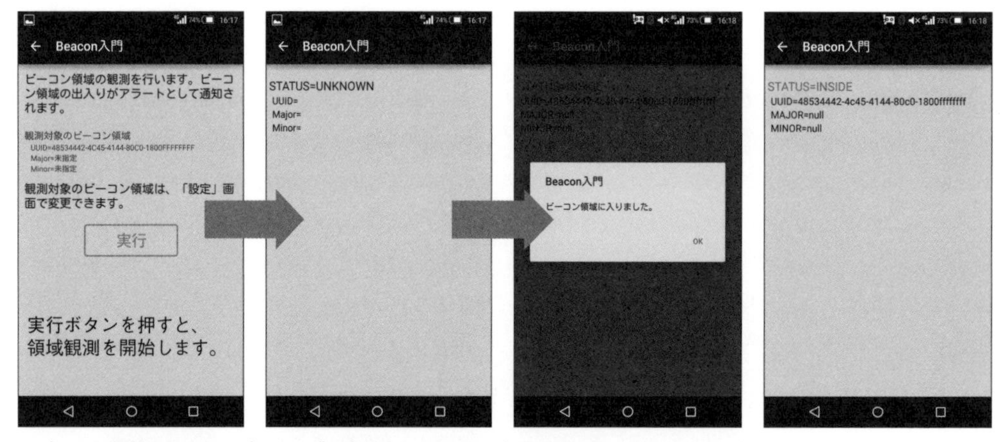

※ビーコン領域に入ると、ダイアログが表示されSTATUS表示がOutsideからInsideに変化します。

○図5-4　領域観測（ビーコン領域から外れる）

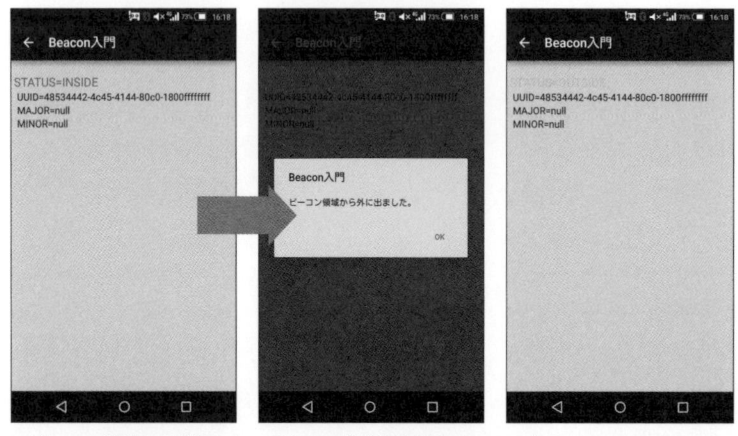

※ビーコン領域から外れると、ダイアログが表示されSTATUS表示がInsideからOutsideに変化します。

○リスト5-3　ビーコン領域観測の実装例（抜粋）

```
public class Recv1Fragment extends Fragment implements BeaconConsumer {

    public static final String TAG = Recv1Fragment.class.getSimpleName();

    private AppController mAppCon;
    private Activity mActivity;
    private Context mContext;

    //
    // Members for AltBeacon
    //
    public BeaconManager mBeaconManager;
    private Identifier scan_uuid;
    private Identifier scan_major = null;
    private Identifier scan_minor = null;

    private Region mRegion;

    private Handler mHandler;

    private TextView txtStaus;
    private TextView txtUUID;
    private TextView txtMajor;
    private TextView txtMinor;

    /**
     * Mandatory empty constructor for the fragment manager to instantiate
     * the fragment (e.g. upon screen orientation changes).
     */
    public Recv1Fragment() {
    }

    // TODO: Customize parameter initialization
    @SuppressWarnings("unused")
    public static Recv1Fragment newInstance() {
        Recv1Fragment fragment = new Recv1Fragment();
        return fragment;
    }

    @Override
    public void onCreate(Bundle savedInstanceState) {
        super.onCreate(savedInstanceState);

        mHandler = new Handler();
    }

    @Override
    public View onCreateView(LayoutInflater inflater, ViewGroup container,
                             Bundle savedInstanceState) {
        View view = inflater.inflate(R.layout.fragment_recv1, container, false);

    ... 中略 ...

        return view;
    }


    @Override
    public void onAttach(Activity activity) {
        super.onAttach(activity);
```

○リスト5-3　ビーコン領域観測の実装例（抜粋）（続き）

```
        this.mActivity = activity;
        this.mAppCon = (AppController) activity.getApplication();
        this.mContext = this.mActivity.getBaseContext();
        this.mBeaconManager = this.mAppCon.mBeaconManager;

        scan_uuid = Identifier.parse(mAppCon.GetUUID());

        if( mAppCon.GetMajor() != -1 ) {
            scan_major = Identifier.parse(
                Integer.toString(mAppCon.GetMajor()) );
        } else {
            scan_major = null;
        }

        if( mAppCon.GetMinor() != -1 ) {
            scan_minor = Identifier.parse(
                Integer.toString(mAppCon.GetMinor()) );
        } else {
            scan_minor = null;
        }
        mRegion = new Region("beacontutorial", scan_uuid, scan_major, scan_minor);

    }

    @Override
    public void onDetach() {
        super.onDetach();
    }

    @Override
    public void onResume() {
        super.onResume();

        Log.d(TAG, "onResume this.mBeaconManager#bind");

        this.mBeaconManager.bind(this); // サービスの開始
    }

    @Override
    public void onPause() {
        super.onPause();

        Log.d(TAG, "onResume this.mBeaconManager#unbind");

        this.mBeaconManager.unbind(this); // サービスの停止
    }
```

❶mBeaconManagerなど、Activityで定義した情報を取得しています。
❷観測対象のビーコン領域を定義しています。「Beacon入門」アプリでは、設定画面からUUID、Major、Minorを変更できるため、入力値の有無などをチェックしてビーコン領域を作成しています。
❸onResumeでBeaconManageのサービスを開始しています。
❹onPauseでBeaconManageのサービスを停止しています。

○リスト5-3　ビーコン領域観測の実装例（抜粋）（続き）

```
    private void setTxtStatus( int status, Region region ) {        ┐

        if( status == 0 ) {
            txtStaus.setText( "STATUS=OUTSIDE");
            txtStaus.setTextColor(Color.GREEN);

            txtUUID.setText( "UUID=" + region.getId1() );
            txtMajor.setText( "MAJOR=" + region.getId2() );
            txtMinor.setText( "MINOR=" + region.getId3() );
        } else if ( status == 1 ) {
            txtStaus.setText( "STATUS=INSIDE");
            txtStaus.setTextColor(Color.MAGENTA);
                                                                    ├─❺
            txtUUID.setText( "UUID=" + region.getId1() );
            txtMajor.setText( "MAJOR=" + region.getId2() );
            txtMinor.setText( "MINOR=" + region.getId3() );
        } else {
            txtStaus.setText( "STATUS=UNKNOWN");
            txtStaus.setTextColor(Color.BLACK);

            txtUUID.setText( "UUID=" );
            txtMajor.setText( "MAJOR=" );
            txtMinor.setText( "MINOR=" );
        }
    }                                                               ┘

    // for AltBeacon
    @Override                                                       ┐
    public Context getApplicationContext() {
        return mContext.getApplicationContext();
    }
    @Override
    public boolean bindService(Intent intent,
            ServiceConnection connection, int mode) {               ├─❻
        return mContext.bindService(intent, connection, mode);
    }
    @Override
    public void unbindService(ServiceConnection connection) {
        mContext.unbindService(connection);
    }                                                               ┘

    @Override
    public void onBeaconServiceConnect() {
        // BeaconManagerクラスのモニタリング通知受取り処理
        mAppCon.mBeaconManager.setMonitorNotifier(new MonitorNotifier() {
            @Override
            public void didEnterRegion(Region region) {
                                                                        ↗
```

❺didDetermineStateForRegionメソッドが呼び出された際に、画面に表示しているテキストを更新するための処理です。このメソッドで受け取っているstatusは、didDetermineStateForRegionで受け取ったstatusです。この値が、0の場合はビーコン領域外、1の場合はビーコン領域内です。

❻getApplicationContext、bindService、unbindServiceは、BeaconConsumerインタフェースから実装を要求されるメソッドです。

○リスト5-3　ビーコン領域観測の実装例（抜粋）（続き）

```
        // 領域進入時に実行
        Log.d(TAG, "didEnterRegion");

        mHandler.post(new Runnable() {
            public void run() {
                new AlertDialog.Builder(getActivity())
                        .setTitle("Beacon入門")
                        .setMessage("ビーコン領域に入りました。")        ❼
                        .setPositiveButton("OK", null)
                        .show();

                // Toast.makeText(mActivity, "ビーコン領域に入りました。",
                //      Toast.LENGTH_SHORT).show();
            }
        });
    }

    @Override
    public void didExitRegion(Region region) {
        // 領域退出時に実行
        Log.d(TAG, "didExitRegion");
        mHandler.post(new Runnable() {
            public void run() {
                new AlertDialog.Builder(getActivity())
                        .setTitle("Beacon入門")
                        .setMessage("ビーコン領域から外に出ました。")
                        .setPositiveButton("OK", null)
                        .show();                                        ❽

                // Toast.makeText(mActivity, "ビーコン領域から外に出ました。",
                //      Toast.LENGTH_SHORT).show();
            }
        });
    }

    @Override
    public void didDetermineStateForRegion(
            final int status, final Region region) {
        // 領域への侵入/退出のステータスが変化したときに実行
        Log.d(TAG, "didDetermineStateForRegion (" +
                status + ")" + " Region = " + region);
        mHandler.post(new Runnable() {
            public void run() {
                setTxtStatus(status, region);

                // Toast.makeText(mActivity, "ステータスが変化しました",   ❾
                //      Toast.LENGTH_SHORT).show();
            }
        });
```

❼❽❾それぞれ、メソッドが呼び出された際にアラートダイアログの表示、テキストの更新を行っています。ハンドラを使って画面を更新していることに注意してください。

○リスト5-3　ビーコン領域観測の実装例（抜粋）（続き）

```
            }
        });

        try {
            // ビーコン情報の監視を開始
            Log.d(TAG, "mBeaconManager.startMonitoringBeaconsInRegion");

            mBeaconManager.startMonitoringBeaconsInRegion(mRegion);
        } catch (RemoteException e) {
            e.printStackTrace();
        }

    }
}
```

AltBeaconライブラリを使用することで、iOSの場合と同様に、ビーコン領域に入ったことと、ビーコン領域から外れたことを検知できます。

5.8 ビーコン距離測定

AltBeaconライブラリを使用すると、iOSと同様にiBeaconデバイスとの距離を測定できます。測定結果も距離が近い順に整列された配列として受け取れます。

距離測定を開始するにはBeaconManagerのstartRangingBeaconsInRegionメソッド、停止するにはstopRangingBeaconsInRegionメソッドを呼び出します。測定結果を受け取るメソッドは、onBeaconServiceConnect内からsetRangeNotifierの内部関数として定義します。

距離の測定用のメソッドを追加したonBeaconServiceConnectの構造は**リスト5-4**のとおりです。

didRangeBeaconsInRegionメソッドのbeaconsには、検知したiBeaconが近い順に整列して格納されます。

iOSのdidRangeBeaconsデリゲートメソッドで受け取ったCLBeaconオブジェクトには、距離として4段階の定数（Immediate、Near、Far、Unkown）が含まれていましたが、AltBeaconのdidRangeBeaconsInRegionで受け取るBeaconオブジェクトには、この定数は含まれていません。

Beaconオブジェクトのget Distance()を呼ぶと、メートル単位の距離を取得できるので、iOSと同じようにImmediate、Near、Far、Unkownで処理を分ける場合は、メートル単位の距離を4段階に割り当てて使う必要があります。didRangeBeaconsInRegionが呼び出されるタイミングも、iOSのdidRangeBeaconsと同様に約1秒間隔です。

「Beacon入門」アプリの「ビーコン距離測定」機能では、ビーコン領域に入ると、Beaco距離の測定を開始します。通知されたビーコン距離測定の結果を一覧で表示します（**図5-5**）。

○リスト5-4　onBeaconServiceConnectメソッド（例）

```
@Override
public void onBeaconServiceConnect() {

    // BeaconManagerクラスのモニタリング通知受取り処理
    mBeaconManager.setMonitorNotifier(new MonitorNotifier() {
        @Override
        public void didEnterRegion(Region region) {

        /// ビーコン領域に入った場合の処理

        }

        @Override
        public void didExitRegion(Region region) {

        /// ビーコン領域から出た場合の処理

        }

        @Override
        public void didDetermineStateForRegion(
            final int status, final Region region) {

        /// ビーコン領域のステータスが変化した場合の処理

        }
    });

    // BeaconManager距離測定の結果を受信する
    mBeaconManager.setRangeNotifier(new RangeNotifier() {
        @Override
        public void didRangeBeaconsInRegion(
            Collection<Beacon> beacons, Region region) {

        /// 測定した結果を受け取る処理


        }
    });


    // 領域観測を開始する処理
    try {

        mBeaconManager.startMonitoringBeaconsInRegion(mRegion);

    } catch (RemoteException e) {
        c.printStackTrace();
    }
}
```

○図5-5　距離測定

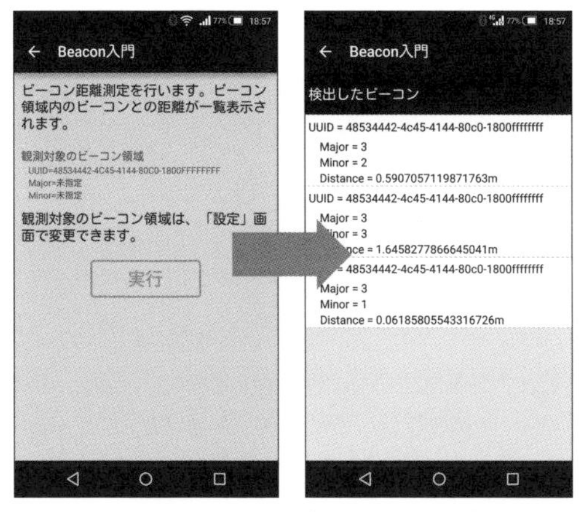

※ビーコン領域内のiBeaconデバイスの一覧が通知される。

このFragmentのソースコードは**リスト5-5**のとおりです（リスト5-4のソースコードとあまり変わらない部分については、説明は省略しています）。

ソースコードの記述方法や、距離の扱いには違いはありますが、AltBeaconライブラリを使用することで、iOSの場合と同様に距離を測定できます。BluetoothAdapterを使って実装する場合は、iOS用アプリとAndroid用アプリとで、機能やサービスを変えなければならないケースもありましたが、AltBeaconを使用することでOSの違いをある程度吸収することが可能になります。

○リスト5-5　ビーコン距離測定の実装例（抜粋）

```
public class Recv2Fragment extends ListFragment
        implements BeaconConsumer, BeaconUpdateListener {
    public static final String TAG = Recv2Fragment.class.getSimpleName();

    private AppController mAppCon;
    private Activity mActivity;
    private Context mContext;

    // 表示用のコンテナ
    private BeaconListAdapter adapter;
    private ArrayList<ListViewContainer> mContainer =
        new ArrayList<ListViewContainer>();

    // Members for AltBeacon
    public BeaconManager mBeaconManager;
    private Identifier scan_uuid;
    private Identifier scan_major = null;
    private Identifier scan_minor = null;

    private Region mRegion;

    private Handler mHandler;

    // iBeaconのRanging 中
                                                                   ↗
```

○リスト5-5　ビーコン距離測定の実装例（抜粋）（続き）

```
    private Boolean isBeaconRanging = false;

    public void SetStartRanging() {
        Log.d(TAG, "Beacon Status Change :SetStartRanging()");
        isBeaconRanging = true;
    }
    public void SetStopRanging() {
        Log.d(TAG, "Beacon Status Change :SetStopRanging()");
        isBeaconRanging = false;
    }

    public Boolean IsBeaconRanging() {
        Log.d(TAG, " IsBeaconRanging() isBeaconRanging " + isBeaconRanging );
        return this.isBeaconRanging;
    }

    public Recv2Fragment() {
        // Required empty public constructor
    }

    /**
     * Use this factory method to create a new instance of
     * this fragment using the provided parameters.
     *
     * @return A new instance of fragment Recv2Fragment.
     */
    public static Recv2Fragment newInstance() {
        Recv2Fragment fragment = new Recv2Fragment();
        return fragment;
    }


    @Override
    public void onCreate(Bundle savedInstanceState) {
        super.onCreate(savedInstanceState);

        mHandler = new Handler();

        adapter = new BeaconListAdapter( getActivity(), mContainer );
        setListAdapter(adapter);

        updateContainer( null );
    }

    @Override
    public void onAttach(Activity activity) {
        super.onAttach(activity);

        this.mActivity = activity;
        this.mAppCon = (AppController) activity.getApplication();
        this.mContext = this.mActivity.getBaseContext();
        this.mBeaconManager = this.mAppCon.mBeaconManager;

        scan_uuid = Identifier.parse(mAppCon.GetUUID());

        if( mAppCon.GetMajor() != -1 ) {
            scan_major = Identifier.parse(
                Integer.toString(mAppCon.GetMajor()) );
        } else {
            scan_major = null;
        }
```
↗

○リスト5-5　ビーコン距離測定の実装例（抜粋）（続き）

```
        if( mAppCon.GetMinor() != -1 ) {
            scan_minor = Identifier.parse(
                Integer.toString(mAppCon.GetMinor()) );
        } else {
            scan_minor = null;
        }


        mRegion = new Region("townbeacon", scan_uuid, scan_major, scan_minor);

        // リスナをセットする
        this.mAppCon.SetBeaconUpdateListener(this);
    }

    @Override
    public void onResume() {
        super.onResume();

        Log.d(TAG, "onResume this.mBeaconManager#bind");

        this.mBeaconManager.bind(this); // サービスの開始

    }

    @Override
    public void onPause() {
        super.onPause();

        Log.d(TAG, "onResume this.mBeaconManager#unbind");

        if( IsBeaconRanging() == true ) {
            StopRanging();
        }

        this.mBeaconManager.unbind(this); // サービスの停止
    }


    private void updateContainer( List<Beacon> beaconList ) {
        mContainer.clear();

        ListViewContainer title = new ListViewContainer(
            ListViewContainer.TYPE_TITLE, 0, "検出したBeacon" );
        mContainer.add(title);

        if( beaconList != null ) {
            for( Beacon b : beaconList ) {

                ListViewContainer item = new ListViewContainer(
                    ListViewContainer.TYPE_BEACON, 0, b );
                mContainer.add(item);
            }
        }


        Log.d(TAG, " createContainer() notifyDataSetChanged!!");
        adapter.notifyDataSetChanged();
    }

    // for AltBeacon
```
↗

○リスト5-5　ビーコン距離測定の実装例（抜粋）（続き）

```
    @Override
    public Context getApplicationContext() {
        return mContext.getApplicationContext();
    }
    @Override
    public boolean bindService(Intent intent,
            ServiceConnection connection, int mode) {
        return mContext.bindService(intent, connection, mode);
    }

    @Override
    public void unbindService(ServiceConnection connection) {
        mContext.unbindService(connection);
    }
    @Override
    public void onBeaconServiceConnect() {
        // BeaconManagerクラスのモニタリング通知受取り処理
        mAppCon.mBeaconManager.setMonitorNotifier(new MonitorNotifier() {
            @Override
            public void didEnterRegion(Region region) {
                // 領域進入時に実行
                Log.d(TAG, "didEnterRegion");

                // ビーコン領域に侵入したので、距離測定を開始する
                StartRanging(); ────❶
            }

            @Override
            public void didExitRegion(Region region) {
                // 領域退出時に実行
                Log.d(TAG, "didExitRegion");

                // ビーコン領域から出たので距離測定を停止する
                StopRanging(); ────❷
            }

            @Override
            public void didDetermineStateForRegion(
                    final int status, final Region region) {
                // 領域への侵入/退出のステータスが変化したときに実行
                Log.d(TAG, "didDetermineStateForRegion (
                    " + status + ")" + " Region = " + region);

                if( status == 1 && IsBeaconRanging() == false ) { ┐
                    // ビーコン領域に侵入したので、距離測定を開始する  ├❸
                    StartRanging();                                │
                }                                                  ┘
            }
```

❶didEnterRegionが呼び出されると距離の測定を開始します。画面の更新などの都合でStartRangingというメソッドを呼び出していますが、このメソッドからstartRangingBeaconsInRegionを呼び出しています。

❷didExitRegionが呼び出されると距離の測定を終了します。画面の更新などの都合でStopRangingというメソッドを呼び出していますが、このメソッドからstopRangingBeaconsInRegionを呼び出しています。

❸ビーコン領域の中にいると通知があった場合（statusが1の場合）には、didDetermineStateForRegionでもStartRangingメソッドを呼び出しています。これは領域観測を始めた時点でビーコン領域内だった場合に、didEnterRegionが呼ばれない可能性があるためです。

○リスト5-5　ビーコン距離測定の実装例（抜粋）（続き）

```
        });

        // BeaconManagerクラスのレンジング設定
        mAppCon.mBeaconManager.setRangeNotifier(new RangeNotifier() {
            @Override
            public void didRangeBeaconsInRegion(
                    Collection<Beacon> beacons, Region region) {

                List<Beacon> bl = new ArrayList<Beacon>();

                // 検出したビーコンの情報を全部Logに書き出す
                for (Beacon beacon : beacons) {
                    Log.d(TAG, "didRangeBeaconsInRegion UUID:" +
                               beacon.getId1() +
                               ", major:" + beacon.getId2() + ", minor:" +
                               beacon.getId3() + ", Distance:" +
                               beacon.getDistance() + ",RSSI" +
                               beacon.getRssi() +
                               ", TxPower" + beacon.getTxPower());

                    bl.add(beacon);
                }

                BeaconUpdateListener listner = mAppCon.GetBeaconUpdateListener();
                if (listner != null) {
                    listner.BeaconChanged(bl);
                }
            }
        });

        try {
            // ビーコン情報の監視を開始
            Log.d(TAG, "mBeaconManager.startMonitoringBeaconsInRegion");

            mBeaconManager.startMonitoringBeaconsInRegion(mRegion);
        } catch (RemoteException e) {
            e.printStackTrace();
        }

    }

    private void StartRanging() {
        Log.d(TAG, " StartRanging()");
        try {
            // レンジングの開始
            mAppCon.mBeaconManager.startRangingBeaconsInRegion(mRegion);
            SetStartRanging();
        } catch (RemoteException e) {
```

❹didRangeBeaconsInRegionでは、受信したbeacons配列の中のBeaconオブジェクトを別の配列にコピーしています。これは、didRangeBeaconsInRegionメソッドが非同期で呼ばれるため、Beaconオブジェクトの処理中にbeacons配列が更新される可能性があるからです。

○リスト5-5　ビーコン距離測定の実装例（抜粋）（続き）

```
            // 例外が発生した場合
            e.printStackTrace();
        }
    }

    private void StopRanging() {
        Log.d(TAG, " StopRanging()");

        try {
            // レンジングの停止
            mAppCon.mBeaconManager.stopRangingBeaconsInRegion(mRegion);
            SetStopRanging();
        } catch (RemoteException e) {
            // 例外が発生した場合
            e.printStackTrace();
        }
    }

    @Override
    public void BeaconChanged( final List<Beacon> beaconList ) {
        Log.d(TAG, " BeaconChanged() count = " + beaconList.size() );

        mHandler.post(new Runnable() {
            public void run() {
                updateContainer( beaconList );
            }
        });

    }
}
```

❺このソースコードでは、テーブルの表示を更新しています。このBeaconChangedメソッドについては、次で詳しく説明します。

5.9 ビーコンを受信して地図に表示

iBeaconを扱う領域観測、距離の測定という2つの機能に、GPSを使った位置情報の取得、GoogleMapを使った地図の表示を組み合わせた場合について説明します（GoogleMaps APIを使った地図の表示方法などの説明については割愛します）。

didRangeBeaconsInRegionが非同期で呼び出されるメソッドであるため、画面の更新処理は独立した処理として実装しています。そのため、次のようにEventListenerを継承したBeaconUpdateListenerを使用しています。

```
public interface BeaconUpdateListener extends EventListener {

    void BeaconChanged(List<Beacon> beaconList);
}
```

このリスナをFragmentで実装することで、画面の更新処理をdidRangeBeaconsInRegionメソッドから切り離せます。didRangeBeaconsInRegionは非同期で呼び出されるメソッドです。よって、受信したbeacons配列が更新されるタイミングも非同期であることを考慮する必要があります。

○図5-6　ビーコン受信＋MAP

※ビーコン領域内に入ると、iBeaconデバイスの距離を測定し、端末のGPS情報を元に地図上にMarkerを表示します。
同時に、この情報をログとして記録しています。

このdidRangeBeaconsInRegionメソッドの中に画面の更新処理を記述した場合、次のような場合に1秒以上の時間が経過すると、beacons配列に格納されたBeaconオブジェクトが変わってしまう可能性があります。

Androidでは、ユーザがホームボタンを押した場合など、実行しているアプリが一時的にバックグラウンドでの実行に移されたり、電話の着信で長時間アプリがバックグラウンドになる場合です。

アプリ再開時に、didRangeBeaconsInRegionが呼ばれても、問題なく動作するためにも、画面の更新処理は切り分けておくほうがよいでしょう。

「Beacon入門」アプリの「ビーコン受信+MAP」機能では、GoogleMaps APIを使って地図を表示します。iBeaconを検出する前のデフォルト値として、東京駅を中心としています。

Androidでは、LocationManagerを使って、位置情報を取得します。LocationManagerのサービスインスタンスは、次のように取得します。

```
mLocationManager = (LocationManager)activity.getSystemService(Context.LOCATION_
SERVICE);
Criteria criteria = new Criteria();
criteria.setAccuracy(Criteria.ACCURACY_FINE); // 低精度
criteria.setPowerRequirement(Criteria.POWER_LOW); // 低消費電力
provider = mLocationManager.getBestProvider(criteria, true);
```

このようにして取得したLocationManagerのrequestLocationUpdatesメソッドを呼び出します。

```
mLocationManager.requestLocationUpdates(provider, 10000, 10, this);
```

このメソッドを呼び出すと、位置情報が更新されるたびにonLocationChangedメソッドが呼び出されます。

「Beacon入門」アプリでは、requestLocationUpdatesを、onResumeメソッドの中から呼び出して、画面が表示されたときに位置情報を受け取るようにしています。

iBeaconデバイスを検知する（ビーコン領域に入る）と、距離の測定を開始します。測定結果の0番目（もっとも近いiBeaconデバイス）の情報を使って、地図にMarkerを表示します。このMarkerの緯度経度は、onLocationChangedメソッドで取得した緯度経度を使います。また、このMarkerを表示したときにログデータとして

- 検知したiBeaconのUUID、major、minor
- 端末の緯度、経度
- 現在時刻

を記録しています。

このように実装することで、iBeaconの識別情報に、現在の端末の緯度経度を組み合わせて使用できます。このFragmentのソースコードは**リスト5-6**のとおりです。

○リスト5-6　ビーコン受信＋MAP表示の実装例（抜粋）

```
public class Recv3Fragment extends Fragment implements BeaconConsumer,
        BeaconUpdateListener,LocationListener {

    public static final String TAG = Recv3Fragment.class.getSimpleName();

    private GoogleMap mGoogleMap ;
    private Activity mActivity;
    private Context mContext;
    private AppController mAppCon;

    private LocationManager mLocationManager;
    private String provider;


    private List<Beacon> mBeacons ;

    private int mInterval = 3000;
    private ArrayList<Marker> arMarker = new ArrayList<>();

    private TextView txtMsg1;
    private TextView txtMsg2;
    private TextView txtMsg3;


    // 中心点の緯度経度. 35.681391, 139.766052
    private static final LatLng TOKYO_STATION =
            new LatLng(35.681391, 139.766052); // 東京駅の緯度経度

    private Timer mTimer = null;
    private Handler mHandler;
                                                                      ↗
```

○リスト5-6　ビーコン受信＋MAP表示の実装例（抜粋）（続き）

```
    // Members for AltBeacon
    public BeaconManager mBeaconManager;
    private Identifier scan_uuid;
    private Identifier scan_major = null;
    private Identifier scan_minor = null;

    private Region mRegion;

    // iBeaconのRanging中
    private Boolean isBeaconRanging = false;

    public void SetStartRanging() {
        Log.d(TAG, "Beacon Status Change :SetStartRanging()");
        isBeaconRanging = true;
    }
    public void SetStopRanging() {
        Log.d(TAG, "Beacon Status Change :SetStopRanging()");
        isBeaconRanging = false;
    }

    public Boolean IsBeaconRanging() {
        Log.d(TAG, " IsBeaconRanging() isBeaconRanging " + isBeaconRanging );
        return this.isBeaconRanging;
    }

    public Recv3Fragment() {
        // Required empty public constructor
    }

    /**
     * Use this factory method to create a new instance of
     * this fragment using the provided parameters.
     *
     * @return A new instance of fragment Recv3Fragment.
     */
    // TODO: Rename and change types and number of parameters
    public static Recv3Fragment newInstance() {
        Recv3Fragment fragment = new Recv3Fragment();
        return fragment;
    }

    @Override
    public void onCreate(Bundle savedInstanceState) {
        super.onCreate(savedInstanceState);
        mHandler = new Handler();
    }

    @Override
    public void onAttach(Activity activity) {
        super.onAttach(activity);

        this.mActivity = activity;
        this.mAppCon = (AppController)activity.getApplication();

        mLocationManager = (LocationManager)activity.
            getSystemService(Context.LOCATION_SERVICE);
        Criteria criteria = new Criteria();
        criteria.setAccuracy(Criteria.ACCURACY_FINE); // 低精度
        criteria.setPowerRequirement(Criteria.POWER_LOW); // 低消費電力

        provider = mLocationManager.getBestProvider(criteria, true);
```

○リスト5-6　ビーコン受信＋MAP表示の実装例（抜粋）（続き）

```
//        Log.d(TAG, " provider = " + provider);

        this.mContext = this.mActivity.getBaseContext();
        this.mBeaconManager = this.mAppCon.mBeaconManager;

        scan_uuid = Identifier.parse(mAppCon.GetUUID());

        if( mAppCon.GetMajor() != -1 ) {

            scan_major = Identifier.parse(
                Integer.toString(mAppCon.GetMajor()) );
        } else {
            scan_major = null;
        }

        if( mAppCon.GetMinor() != -1 ) {

            scan_minor = Identifier.parse(
                Integer.toString(mAppCon.GetMinor()) );
        } else {
            scan_minor = null;
        }


        mRegion = new Region("townbeacon", scan_uuid, scan_major, scan_minor);


        // リスナをセットする
        this.mAppCon.SetBeaconUpdateListener(this);――――❶
    }

    @Override
    public View onCreateView(LayoutInflater inflater, ViewGroup container,
                             Bundle savedInstanceState) {
        // Inflate the layout for this fragment
        View view = inflater.inflate(R.layout.fragment_recv3, container, false);

        txtMsg1 = (TextView)view.findViewById(R.id.msg1);
        txtMsg2 = (TextView)view.findViewById(R.id.msg2);
        txtMsg3 = (TextView)view.findViewById(R.id.msg3);

        // FragmentManager fm = getFragmentManager();
        // Fragment f = fm.findFragmentById(R.id.hogemap);

        SupportMapFragment m = ((SupportMapFragment) getChildFragmentManager()
                .findFragmentById(R.id.map));

        this.mGoogleMap = m.getMap();
                                                                        ↗
```

❶SetBeaconUpdateListenerを呼び出して、イベントリスナが、このFragmentに実装されていることを登録します。

○リスト 5-6　ビーコン受信＋MAP 表示の実装例（抜粋）（続き）

```
        // 地図タイプ設定
        this.mGoogleMap.setMapType(GoogleMap.MAP_TYPE_NORMAL);
        mGoogleMap.setMyLocationEnabled(true);

        UiSettings settings = mGoogleMap.getUiSettings();
        settings.setMyLocationButtonEnabled(true);
        // クリック時のイベントハンドラ登録
        mGoogleMap.setOnMyLocationButtonClickListener(
                new GoogleMap.OnMyLocationButtonClickListener() {
            @Override
            public boolean onMyLocationButtonClick() {
                // TODO Auto-generated method stub
                Toast.makeText(mActivity, "現在地に移動します",
                                Toast.LENGTH_LONG).show();
                return false;
            }
        });

        SetMsg1("現在地：不明");
        SetMsg2("Beacon 未検出");
        SetMsg3("");

        return view;
    }

    @Override
    public void onResume(){
        super.onResume();

        // Toast.makeText(mActivity, "東京駅", Toast.LENGTH_LONG).show();

        // 表示位置を東京駅にする
        this.mGoogleMap.moveCamera(
            CameraUpdateFactory.newLatLngZoom(TOKYO_STATION, 16));
        this.mGoogleMap.animateCamera(
            CameraUpdateFactory.zoomTo(16), 2000, null);

        mLocationManager.requestLocationUpdates(provider, 10000, 10, this);
        Log.d(TAG, "mLocationManager.requestLocationUpdates Start" );


        mTimer = new Timer();
        /// 3秒後に再チェック
        mTimer.schedule(new timerA(), this.mInterval);

        Log.d(TAG, "onResume this.mBeaconManager#bind");
        this.mBeaconManager.bind(this); // サービスの開始
    }

    @Override
    public void onPause() {
        super.onPause();

        Log.d(TAG, "onResume this.mBeaconManager#unbind");

        if( IsBeaconRanging() == true ) {
            StopRanging();
        }

        this.mBeaconManager.unbind(this); // サービスの停止
```
↗

○リスト5-6　ビーコン受信＋MAP表示の実装例（抜粋）（続き）

```
    }

    private void SetMsg1( String msg ) {
        txtMsg1.setText( msg );
    }
    private void SetMsg2( String msg ) {
        txtMsg2.setText( msg );
    }
    private void SetMsg3( String msg ) {
        txtMsg3.setText( msg );
    }


    private void SetMaker( Beacon b ) {
        // Toast.makeText( mActivity, "" , Toast.LENGTH_LONG).show();
        this.mGoogleMap.moveCamera(
            CameraUpdateFactory.newLatLngZoom(mAppCon.GetLatLng(), 16));
        this.mGoogleMap.animateCamera(CameraUpdateFactory.zoomTo(16), 2000, null);

        // 地図へのマーカーの追加
        MarkerOptions mo1 = new MarkerOptions();
        mo1.position(mAppCon.GetLatLng());

        //現在日時を取得する
        Calendar c = Calendar.getInstance();
        Date d = c.getTime();

        //フォーマットパターンを指定して表示する
        SimpleDateFormat sdf = new SimpleDateFormat("yyyy年MM月dd日 hh:mm:ss");
        String date = sdf.format(d);
        mo1.title(date);

        Marker mk = this.mGoogleMap.addMarker(mo1);
        arMarker.add(mk);

        String uuid = b.getId1().toString();
        int major = b.getId2().toInt();
        int minor = b.getId3().toInt();

        SetMsg2("major="+major+" minor="+minor);
        SetMsg3("更新日時 " + date );

        LatLng latlng = mAppCon.GetLatLng();

        Log.d(TAG, " SetMaker : " + latlng.latitude + ", " + latlng.longitude );

        // ログに登録する
        mAppCon.LogData.Add(uuid,major,minor,latlng.latitude,latlng.longitude,d);

    }
```

❷SetMakerは、地図上にMarkerを表示し、ログを記録する処理です。

○リスト5-6　ビーコン受信＋MAP表示の実装例（抜粋）（続き）

```
    private class timerA extends TimerTask {
        public timerA() {
        }

        @Override
        public void run() {

            if( mAppCon.IsLocation() == true ) {
                if( mHandler != null ) {
                    mHandler.post(new Runnable(){
                        public void run() {
                            LatLng latLng = mAppCon.GetLatLng();
                            String msg = "現在地：" + latLng.latitude +
                                         " , " + latLng.longitude;
                            SetMsg1( msg );
                        }
                    });
                }
            } else {
                if( mHandler != null ) {
                    mHandler.post(new Runnable() {
                        public void run() {
                            String msg = "現在地：不明";
                            SetMsg1( msg );
                        }
                    });
                }
            }

            mTimer = new Timer();
            /// 3秒後に再チェック
            mTimer.schedule(new timerA(), mInterval);
        }
    }

    @Override
    public void onLocationChanged(Location location) {

        Log.d(TAG, " locationManager:onLocationChanged : " +
                    location.getLatitude() + ", " + location.getLongitude() );
        mAppCon.SetLocation( location.getLatitude(), location.getLongitude() );
    }

    @Override
    public void onProviderDisabled(String provider) {
        // TODO Auto-generated method stub
        Log.d(TAG, " locationManager:onProviderDisabled : " + provider );

    }

    @Override
    public void onProviderEnabled(String provider) {
        // TODO Auto-generated method stub
        Log.d(TAG, " locationManager:onProviderDisabled : " + provider );

    }

    @Override
    public void onStatusChanged(String provider, int status, Bundle extras) {
        // TODO Auto-generated method stub
```
↗

○リスト5-6　ビーコン受信＋MAP表示の実装例（抜粋）（続き）

```
        Log.d(TAG, " locationManager:onStatusChanged : " + provider +
                    " status = " + status );
    }

    // for AltBeacon
    @Override
    public Context getApplicationContext() {
        return mContext.getApplicationContext();
    }

    @Override
    public boolean bindService(
            Intent intent, ServiceConnection connection, int mode) {
        return mContext.bindService(intent, connection, mode);
    }

    @Override
    public void unbindService(ServiceConnection connection) {
        mContext.unbindService(connection);
    }

    @Override
    public void onBeaconServiceConnect() {
        // BeaconManagerクラスのモニタリング通知受取り処理
        mAppCon.mBeaconManager.setMonitorNotifier(new MonitorNotifier() {
            @Override
            public void didEnterRegion(Region region) {

                // 領域進入時に実行
                Log.d(TAG, "didEnterRegion");

                // ビーコン領域に侵入したので距離測定を開始する
                StartRanging();
            }

            @Override
            public void didExitRegion(Region region) {

                // 領域退出時に実行
                Log.d(TAG, "didExitRegion");

                // ビーコン領域から出たので距離測定を停止する
                StopRanging();
            }

            @Override
            public void didDetermineStateForRegion(
                    final int status, final Region region) {

                // 領域への侵入／退出のステータスが変化したときに実行
                Log.d(TAG, "didDetermineStateForRegion (" + status + ")" +
                            " Region = " + region);

                if( status == 1 && IsBeaconRanging() == false ) {
                    // ビーコン領域に侵入したので距離測定を開始する
                    StartRanging();
                }
            }
        });

        // BeaconManagerクラスのレンジング設定
```
↗

○リスト5-6　ビーコン受信＋MAP表示の実装例（抜粋）（続き）

```
        mAppCon.mBeaconManager.setRangeNotifier(new RangeNotifier() {
            @Override
            public void didRangeBeaconsInRegion(
                    Collection<Beacon> beacons, Region region) {

                List<Beacon> bl = new ArrayList<Beacon>();

                // 検出したビーコンの情報を全部Logに書き出す
                for (Beacon beacon : beacons) {
                    Log.d(TAG, "didRangeBeaconsInRegion UUID:" +
                              beacon.getId1() +
                              ", major:" + beacon.getId2() + ", minor:" +
                              beacon.getId3() + ", Distance:" +
                              beacon.getDistance() + ",RSSI" +
                              beacon.getRssi() +
                              ", TxPower" + beacon.getTxPower());
                    bl.add(beacon);
                }

                BeaconUpdateListener listner = mAppCon.GetBeaconUpdateListener();
                if (listner != null) {
                    listner.BeaconChanged(bl);
                }
            }
        });

        try {
            // ビーコン情報の監視を開始
            Log.d(TAG, "mBeaconManager.startMonitoringBeaconsInRegion");

            mBeaconManager.startMonitoringBeaconsInRegion(mRegion);
        } catch (RemoteException e) {
            e.printStackTrace();
        }

    }

    private void StartRanging() {
        Log.d(TAG, " StartRanging()");
        try {
            // レンジングの開始
            mAppCon.mBeaconManager.startRangingBeaconsInRegion(mRegion);
            SetStartRanging();
        } catch (RemoteException e) {
            // 例外が発生した場合
            e.printStackTrace();
        }
    }

    private void StopRanging() {
        Log.d(TAG, " StopRanging()");

        try {
            // レンジングの停止
            mAppCon.mBeaconManager.stopRangingBeaconsInRegion(mRegion);
            SetStopRanging();
        } catch (RemoteException e) {
            // 例外が発生した場合
            e.printStackTrace();
        }
    }
```

↗

○リスト5-6 ビーコン受信＋MAP表示の実装例（抜粋）（続き）

```
    @Override
    public void BeaconChanged(final List<Beacon> beaconList ) {

        Log.d(TAG, " BeaconChanged() count = " + beaconList.size() );

        this.mBeacons = beaconList;
        if( beaconList.size() == 0) {
            return;
        }

        mHandler.post(new Runnable() {
            public void run() {
                // もっとも近いビーコンでマーカを作成する
                SetMaker( beaconList.get(0));
            }
        });
    }
}
```

❸ BeaconChangedリスナメソッドでは、受信したbeaconが1つ以上あれば、Markerを表示するためにSetMakerを呼び出します。

5.10 おわりに

Androidでも、AltBeaconライブラリを使うことで、iOS版アプリと同等の機能を実現できることが理解いただけたと思います。

なお、本章で紹介したサンプルでは、画面ロジックにBeaconを処理するロジックを組み込みましたが、実用的なアプリにするには、独立したオブジェクトとして動作するクラスにしたほうが扱いやすいでしょう。

Androidは、iPhoneやiPadなどのiOSデバイスと違い、Androidのハードウェアがメーカーごとに違いがあったり、Androidのバージョンにも複数のバリエーションがあります。そのため、実際のアプリの中では、Andoroidバージョンのチェックや BLEチップの有無などをチェックする必要があります。

Part2 実装編

第6章 ビーコンログの可視化方法

本章では、ビーコンアプリで記録したログデータを可視化する方法を説明します。利用するのは「CartoDB」というサービスです。さまざまな表示形式を備えているので、ビーコンを活用するアイデアを膨らませてください。

6.1 はじめに

これまでiOSアプリとAndroidアプリの実装方法について説明しました。その中で、iBeaconデバイスを識別する情報と、緯度経度、現在時刻をログとして記録していました。

スマートフォンが普及したことにより、これまでの緯度経度を使った位置情報と比べて、よりピンポイントの位置情報が把握できるiBeacon対応のアプリでは、ログの重要性がより増してくると考えられます。

例えば、iBeaconデバイスとの距離もログとして記録しておけば、「その位置に近づいたのか？ 離れたのか？」ということもわかりますし、「その場所に何秒間動かずにいたのか？」ということも記録できます。これをよりわかりやすく表現するために、可視化という手法は切っても切り離せません。

本章では、「Beacon入門」アプリで記録しているログを使って、手軽に可視化する方法を説明します。

6.2 ログデータと可視化

多くのアプリやシステムは、その動作の記録をログデータとして保存しています。ログデータを記録する本来の目的は、プログラムやシステムで障害などが発生した場合などに、その原因を調査するためと言えます。

しかし、近年、アプリやシステムが記録するログデータが、障害の原因調査とは、別の価値を持つようになってきました。スマートフォンのアプリにおいては、位置情報やユーザを識別する情報と組み合わせたログデータを記録することができます。このログデータを分析することで、ユーザが移動した経路などを知ることが可能となります。

しかし、一般的にログデータは、テキストファイルやデータベースなどに記録するため、単なるテキスト形式のデータである場合がほとんどです。

例えば、「Beacon入門」アプリの「ビーコン受信＋MAP」機能では、iBeaconデバイスを検知した際に、「日時」「検出したiBeaconデバイスのUUID」「Major値」「Minor値」「検出した時点の緯度と経度」を記録しています。次のデータはログデータの一部を抜粋し、CSV形式（カンマ区切り）で出力したものです。

```
2016-02-22T06:22:51.446Z,48534442-4c45-4144-80c0-1800ffffffff,3,1,35.69318759,139.73486858
2016-02-22T06:22:52.566Z,48534442-4c45-4144-80c0-1800ffffffff,3,1,35.69318759,139.73486858
2016-02-22T06:22:53.705Z,48534442-4c45-4144-80c0-1800ffffffff,3,1,35.69318759,139.73486858
    :
    :
```

このようなテキスト形式のデータを眺めるだけでは、ユーザが移動した経路などを把握することは困難です。そこで、近年、注目されているのが「可視化（Visualization）」する技術です。

一目では理解するのが難しいログデータを、グラフや画像、図や表など、視覚的に捉えやすい形に加工、分析するというのが「可視化」の考え方です。例えば、前ページのログデータには時刻と緯度経度が含まれています。これに着目して、地図を使ってログデータを可視化すると、**図6-1**のようになります。

図6-1では、緯度経度の場所を地図上に点として表現しています。このようにすることで、ユーザが地図の上で移動していたことがわかります。

少し視点を変えてみましょう。**図6-2**では、地図上に点ではなく、色の濃さが異なっている点で表現されています。これは、HEATMAPと呼ばれる表現方法（手法）です。この例では、同じ緯度経度上にあるログデータの数によって、色が濃くなるようにしています。こ

○図6-1　可視化の例（その1）

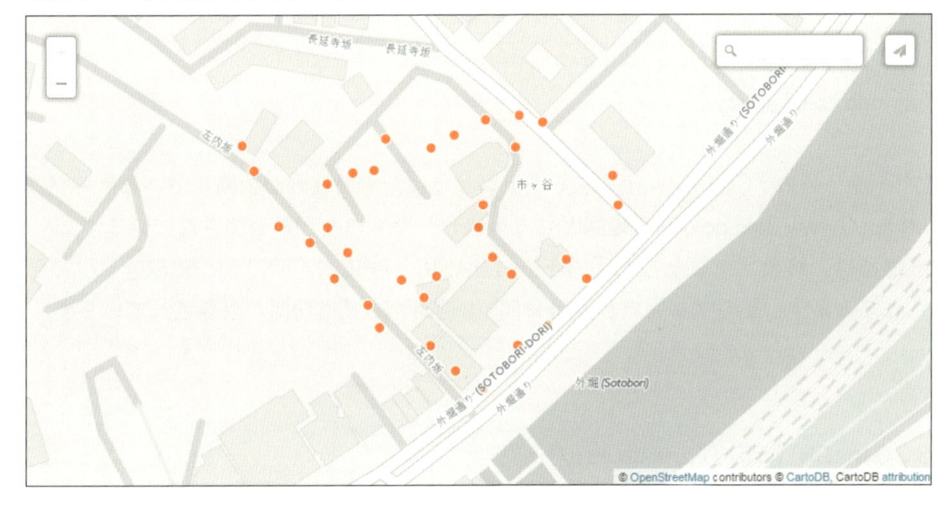

○図6-2　可視化の例（その2）

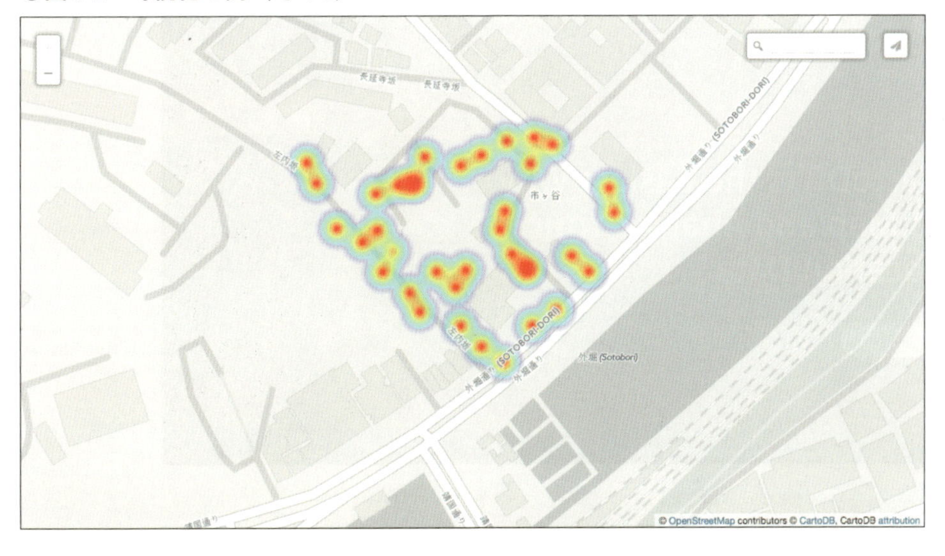

のように可視化の手法を変えるだけで、同じログデータでも意味合いが変わってきます。

これまでは可視化のためのツールは高価であったり、専門的な知識がなければ利用できませんでしたが、「CartoDB」を使えば簡単に作成できます。

本章では、「Beacon入門」アプリで取得したログデータを、CartoDBで可視化する手順を紹介します。

6.3 CartoDBとは

CartoDB（**図6-3**）は、米国CartoDB社の運営する地図サービスです。位置情報（緯度経度）が含まれたデータをアップロードするだけで、手軽に地図上に表示でき、それを公開することができます。CartoDBでは、MAPギャラリーとしていろいろな地図データを公開しています。

https://cartodb.com/gallery/

MAPギャラリーの「GOVERNMENT」カテゴリには、米国政府が公開しているオープンデータ（http://www.data.gov/）を地図として可視化したものなどが公開されています。

CartoDBには、料金プランとして「FREE」「BASIC」「PRO」「ENTERPRISE」の4段階が用意されています。どのプランでも、14日間（2週間）の試用期間が用意されています。

○図6-3　CartoDB（https://cartodb.com/）

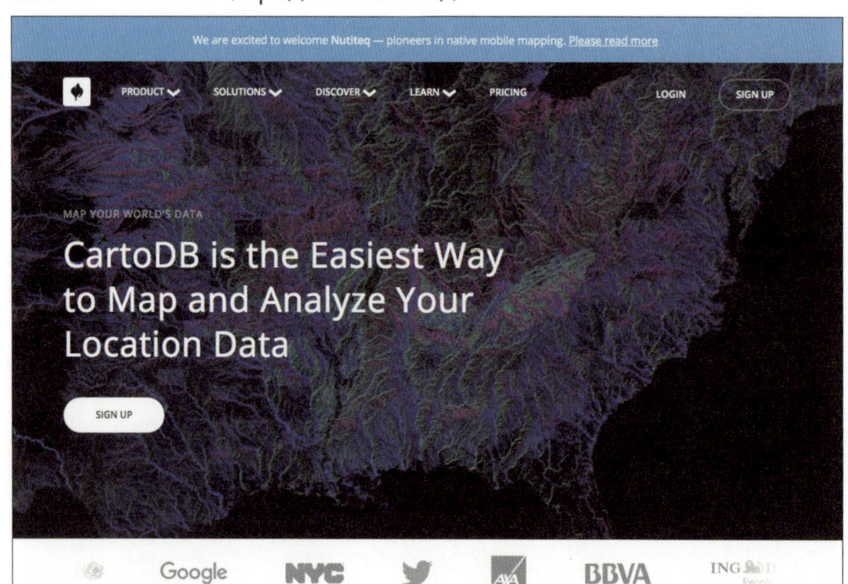

各データのライセンスとして、「MIT」「Apache License」「GPL」「Creative Commons」などが設定できます。FREEプランの場合、アップロードしたデータや作成した地図データはすべてオープンデータとして公開されます。そのため、個人情報が含まれるデータなど、データを非公開にしたい場合には、BASICプラン以上の有料プランを契約する必要があります。詳しくは、https://cartodb.com/pricing/を参照してください。

ここでは、CartoDBを使って、「Beacon入門」アプリで作成したログデータを可視化する手順を紹介します。大まかな手順は**図6-4**のとおりです。「Beacon入門」アプリのログデータは、PCにCSVファイルとして保存して始めます。「Beacon入門」アプリのログデータをPCにCSVファイルとして保存する手順はAppendix 1（211ページ）を参照してください。

6.4 CartoDBのアカウント作成手順

CartoDBに、データをアップロードして地図データとして可視化するには、アカウントを作成する必要があります。アカウントの作成に必要なものは、メールアドレスだけです。

図6-3の「SIGN UP」ボタンからアカウントの作成画面（**図6-5**）に進み、入力項目に情報を入力します。

○図6-4　CartoDBを利用する際の大まかな手順

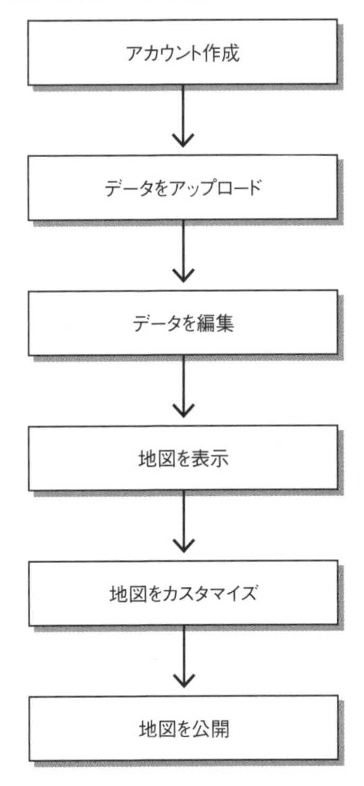

- Username
  CartoDB上のユーザ名（アカウント）。データや地図を公開した際に表示に表示される
- Your email
  メールアドレス。CartoDBからのお知らせなども届く
- Choose a password
  CartoDBにログインする際のパスワード

アカウント作成が成功すると料金プラン選択画面（**図6-6**）が表示されます。

初期値として、FREEプランが選択されています。料金プランを変更する場合は、「UPGRADE」または「CONTACT US」ボタンをクリックしてください。料金プランは、Configuration画面の「Billing」からも変更できます。

画面左上のユーザ名（この例では「ichikawa」）をクリックすると、ダッシュボード（**図6-7**）が表示されます。

○図6-5　アカウント作成画面

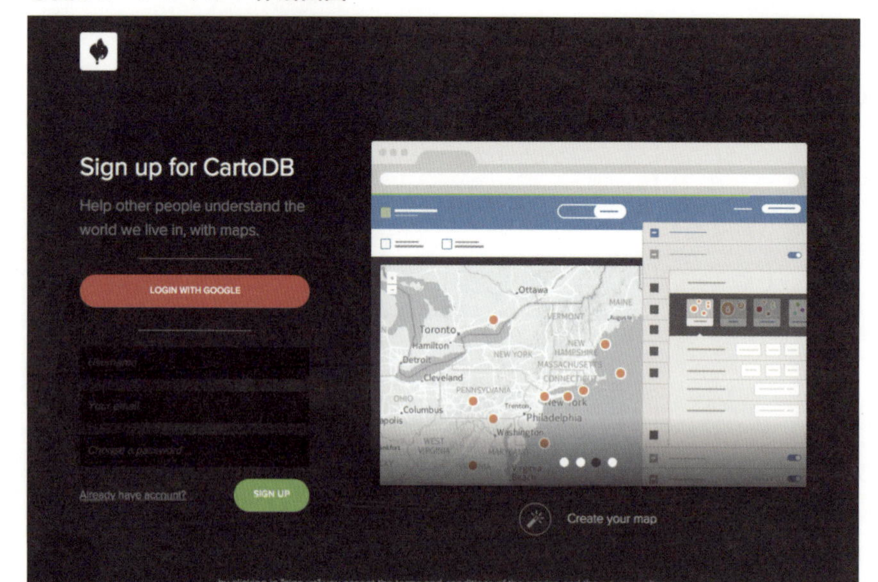

○図6-6　料金プラン選択画面

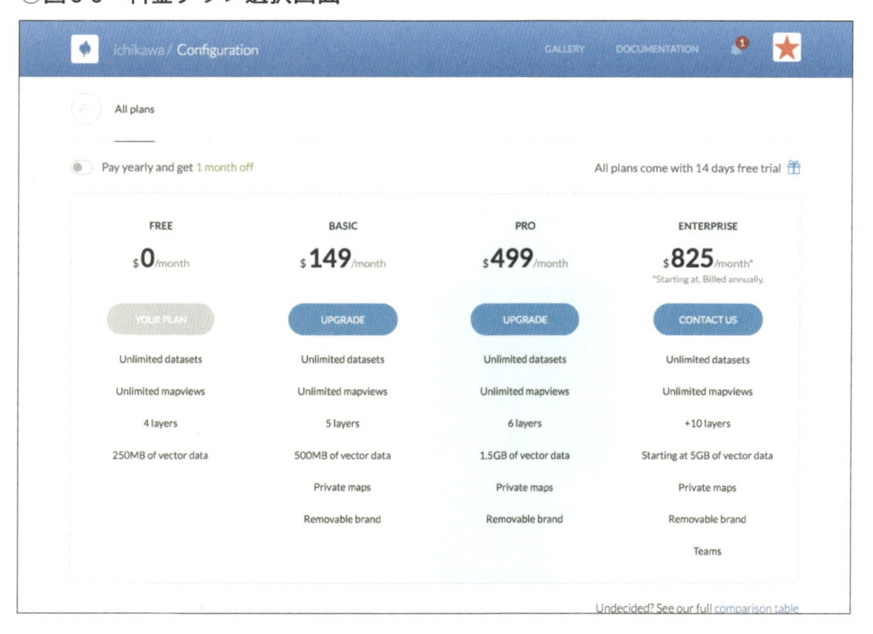

○図6-7　ダッシュボード（アカウントのトップ画面）

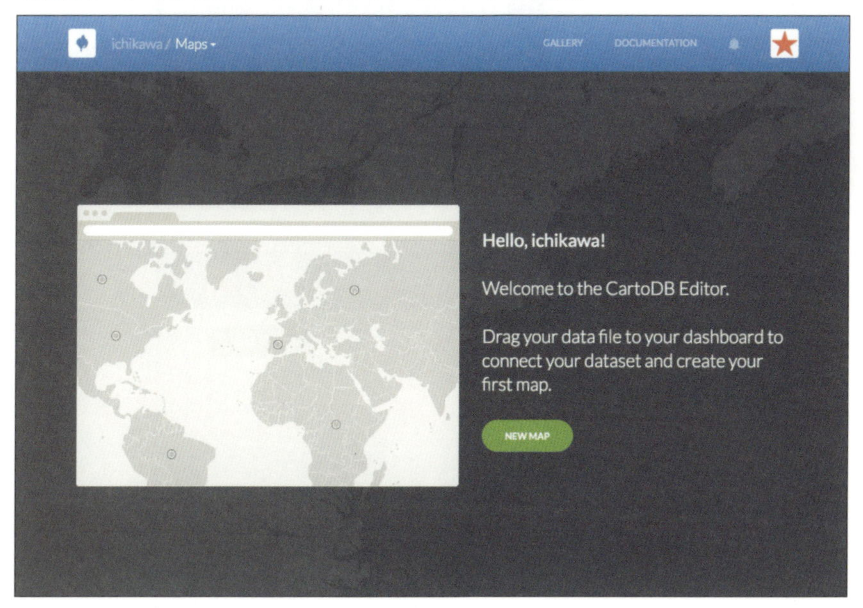

6.5 データのアップロード

次のステップとして、ログデータをCartoDBのサーバにアップロードします。CartoDBでは、サーバにアップロードしたデータのことを「Dataset」（データセット）と呼びます。

ダッシュボード画面の、「Maps」の横にある小さな三角形をクリックすると、**図6-8**のメニューが表示されます。このメニューから、「Your datasets」をクリックしてデータセットの管理用画面（**図6-9**）を表示します。初期状態では、図6-9のように表示されますが、アップロードしたデータセットが存在している場合には一覧表示されます。新規にデータセットを作成するので、「NEW DATASET」ボタンをクリックして、Connect dataset画面（**図6-10**）を表示してください。

○図6-8　Mapsのメニュー

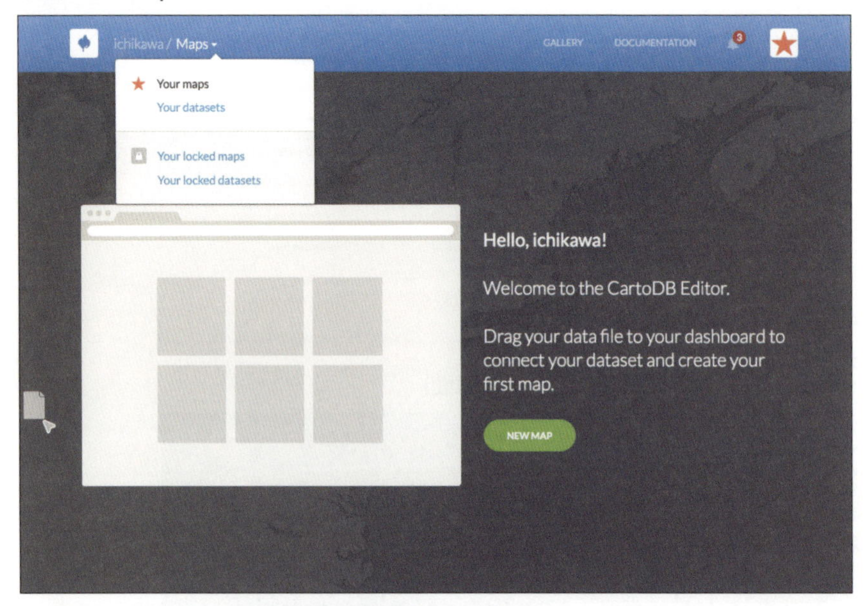

○図6-9　データセットの管理用画面

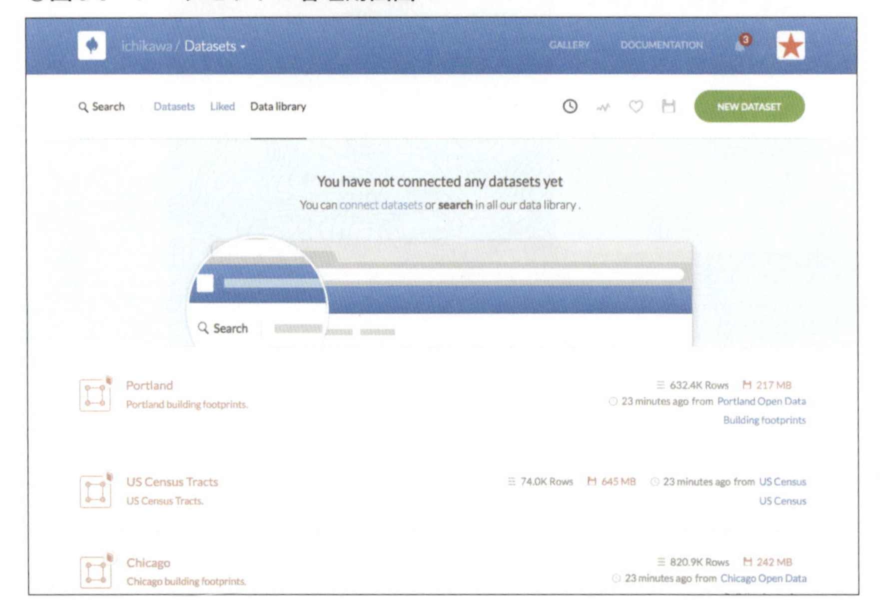

図6-10の「Drag & drop your file」のエリアに、CSV形式のログファイルをドラッグ&ドロップします。ここでは、CSVファイルを用いましたが、XLS、ZIP、KML、GPXなどのファイル形式にも対応しています。

ファイルをドラッグ&ドロップすると、**図6-11**のように、ファイルの形式、ファイル名、ファイルのサイズが表示されます。

ファイル形式やファイル名などが問題なければ、「CONNECT DATASET」ボタンをク

○図6-10 Connect dataset画面

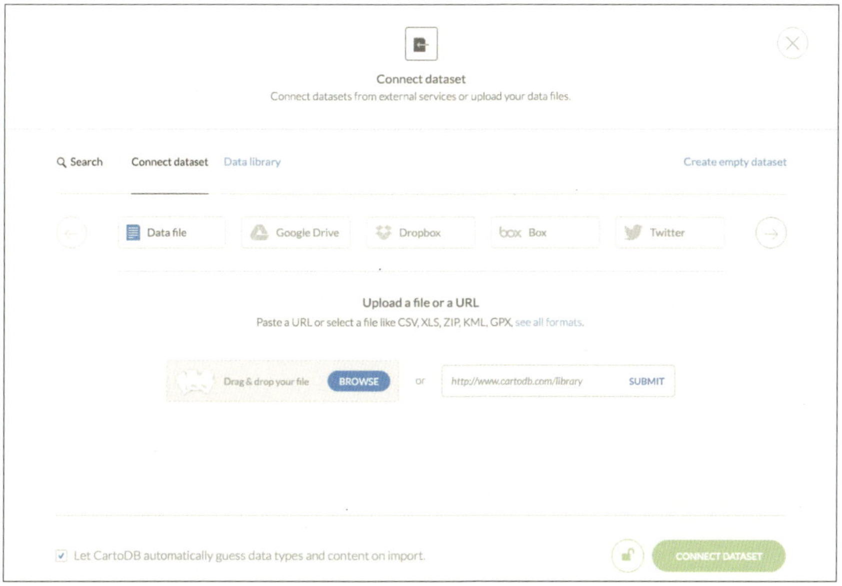

Connect dataset
Connect datasets from external services or upload your data files.
Search　Connect dataset　Data library　Create empty dataset
Data file　Google Drive　Dropbox　Box　Twitter
Upload a file or a URL
Paste a URL or select a file like CSV, XLS, ZIP, KML, GPX, see all formats.
Drag & drop your file　BROWSE　or　http://www.cartodb.com/library　SUBMIT
Let CartoDB automatically guess data types and content on import.　CONNECT DATASET

○図6-11 Connect dataset画面（データアップロード後）

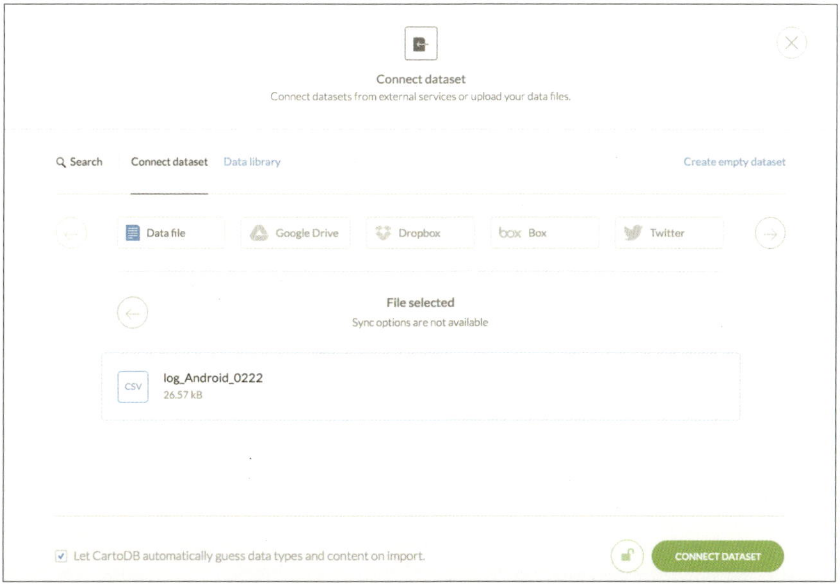

Connect dataset
Connect datasets from external services or upload your data files.
Search　Connect dataset　Data library　Create empty dataset
Data file　Google Drive　Dropbox　Box　Twitter
File selected
Sync options are not available
CSV　log_Android_0222
26.57 kB
Let CartoDB automatically guess data types and content on import.　CONNECT DATASET

リックして、ファイルをアップロードします。ファイルのアップロードが終わると、**図6-12**のように、アップロードしたログファイルの内容が表示されます。

6.6 データの編集

DATA VIEW画面（図6-12）では、アップロードしたデータを編集できます。

列名の変更や列の消去、また、SQL文を記述してデータを抽出できます。図6-12では、「field_5」に緯度（latitude）、「field_6」に経度（longitude）が格納されています。

アップロードしたデータを地図に表示するためには、位置情報が格納されている列を指定

○図6-12　DATA VIEW画面（アップロードしたログファイルの内容）

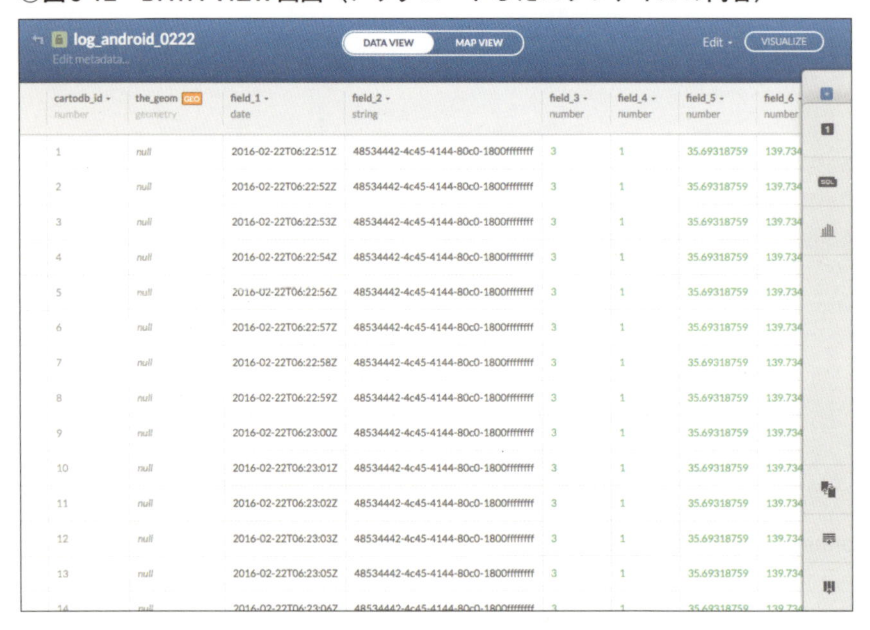

cartodb_id number	the_geom geometry	field_1 date	field_2 string	field_3 number	field_4 number	field_5 number	field_6 number
1	null	2016-02-22T06:22:51Z	48534442-4c45-4144-80c0-1800ffffffff	3	1	35.69318759	139.734
2	null	2016-02-22T06:22:52Z	48534442-4c45-4144-80c0-1800ffffffff	3	1	35.69318759	139.734
3	null	2016-02-22T06:22:53Z	48534442-4c45-4144-80c0-1800ffffffff	3	1	35.69318759	139.734
4	null	2016-02-22T06:22:54Z	48534442-4c45-4144-80c0-1800ffffffff	3	1	35.69318759	139.734
5	null	2016-02-22T06:22:56Z	48534442-4c45-4144-80c0-1800ffffffff	3	1	35.69318759	139.734
6	null	2016-02-22T06:22:57Z	48534442-4c45-4144-80c0-1800ffffffff	3	1	35.69318759	139.734
7	null	2016-02-22T06:22:58Z	48534442-4c45-4144-80c0-1800ffffffff	3	1	35.69318759	139.734
8	null	2016-02-22T06:22:59Z	48534442-4c45-4144-80c0-1800ffffffff	3	1	35.69318759	139.734
9	null	2016-02-22T06:23:00Z	48534442-4c45-4144-80c0-1800ffffffff	3	1	35.69318759	139.734
10	null	2016-02-22T06:23:01Z	48534442-4c45-4144-80c0-1800ffffffff	3	1	35.69318759	139.734
11	null	2016-02-22T06:23:02Z	48534442-4c45-4144-80c0-1800ffffffff	3	1	35.69318759	139.734
12	null	2016-02-22T06:23:03Z	48534442-4c45-4144-80c0-1800ffffffff	3	1	35.69318759	139.734
13	null	2016-02-22T06:23:05Z	48534442-4c45-4144-80c0-1800ffffffff	3	1	35.69318759	139.734

Column　CartoDBで利用できるデータ

CartoDBでは、データセットの作成方法として、ファイルをアップロードする以外にも、Googleドライブやドロップボックス（Dropbox）などのサービスからファイルを共有することもできます。また、Webサイトにデータを用意し、該当のURLを指定することで、データを取り込むことも可能です。

する必要があります。CartoDBでは、さまざまな形式の位置情報を扱えますが、アップロードしたCSVデータではアプリが計測した緯度経度（「Beacon入門」アプリのログでは「field_5」と「field_6」）を位置情報として指定します。

DATA VIEW画面（図6-12）の右上にある「VISUALIZE」ボタンをクリックして確認画面（**図6-13**）を表示します。

FREEプランの場合は作成したデータが公開されますが、問題なければ「OK, CREATE MAP」をクリックしてください。DATA VIEW画面の右上のボタンの表示が「PUBLISH」に変化すれば公開となります（**図6-14**）。

○図6-13　確認画面

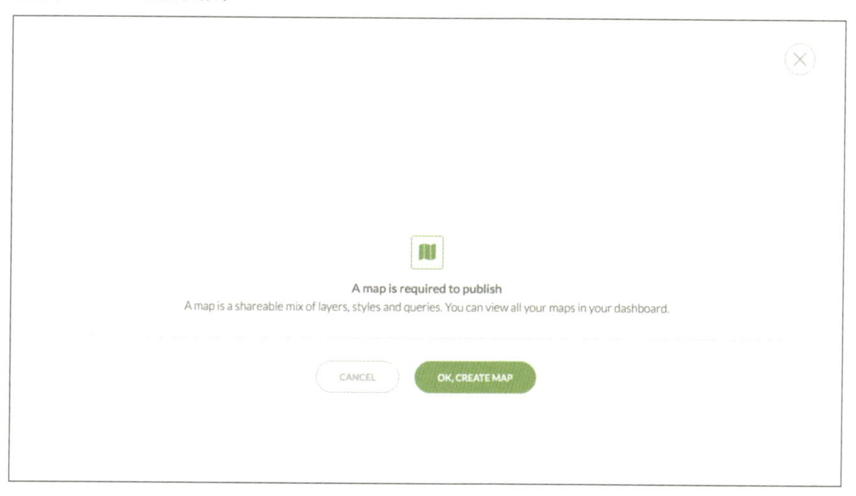

○図6-14　DATA VIEW画面（公開された状態）

log_android_0222 1　Edit metadata...　DATA VIEW　MAP VIEW　Edit　PUBLISH

cartodb_id number	the_geom GEO geometry	field_1 date	field_2 string	field_3 number	field_4 number	field_5 number	field_6 number
1	null	2016-02-22T06:22:51Z	48534442-4c45-4144-80c0-1800ffffffff	3	1	35.69318759	139.734
2	null	2016-02-22T06:22:52Z	48534442-4c45-4144-80c0-1800ffffffff	3	1	35.69318759	139.734
3	null	2016-02-22T06:22:53Z	48534442-4c45-4144-80c0-1800ffffffff	3	1	35.69318759	139.734
4	null	2016-02-22T06:22:54Z	48534442-4c45-4144-80c0-1800ffffffff	3	1	35.69318759	139.734
5	null	2016-02-22T06:22:56Z	48534442-4c45-4144-80c0-1800ffffffff	3	1	35.69318759	139.734
6	null	2016-02-22T06:22:57Z	48534442-4c45-4144-80c0-1800ffffffff	3	1	35.69318759	139.734
7	null	2016-02-22T06:22:58Z	48534442-4c45-4144-80c0-1800ffffffff	3	1	35.69318759	139.734
8	null	2016-02-22T06:22:59Z	48534442-4c45-4144-80c0-1800ffffffff	3	1	35.69318759	139.734
9	null	2016-02-22T06:23:00Z	48534442-4c45-4144-80c0-1800ffffffff	3	1	35.69318759	139.734
10	null	2016-02-22T06:23:01Z	48534442-4c45-4144-80c0-1800ffffffff	3	1	35.69318759	139.734
11	null	2016-02-22T06:23:02Z	48534442-4c45-4144-80c0-1800ffffffff	3	1	35.69318759	139.734
12	null	2016-02-22T06:23:03Z	48534442-4c45-4144-80c0-1800ffffffff	3	1	35.69318759	139.734
13	null	2016-02-22T06:23:05Z	48534442-4c45-4144-80c0-1800ffffffff	3	1	35.69318759	139.734
14	null	2016-02-22T06:23:06Z	48534442-4c45-4144-80c0-1800ffffffff	3	1	35.69318759	139.734

6.7 地図に表示する

それでは、このデータを地図に表示します。

図6-14の「MAP VIEW」をクリックすると、データセット内の位置情報を指定する画面（**図6-15**）が表示されます。

○図6-15　データセット内の位置情報を指定する画面

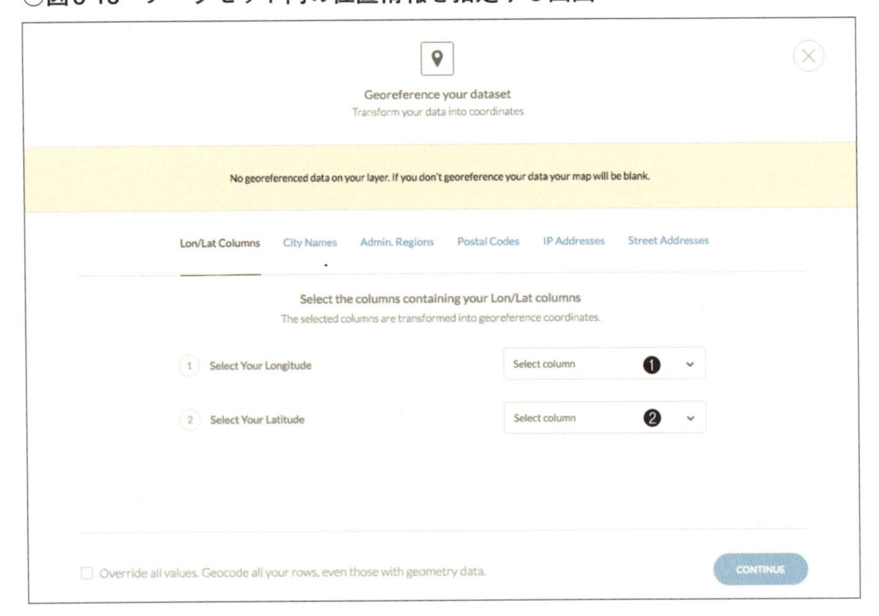

Column データをアップロードした際に追加される列

データをアップロードすると、「cartodb_id」と「the_geom」という2つの列が追加されます。

cartodb_idはデータを一意に管理するためのIDです。the_geomは位置情報を格納するための列です。VISUALIZEを行い、データ内の緯度経度を指定するとthe_geom列に位置情報が格納されます。

位置情報として、緯度経度を使用する場合は「Lon/Lat Columns」を選択して、❶に経度(Longitude)、❷に緯度(Latitude)を指定します。ここでは、❶には「Field_6」、❷に「Field_5」を指定します（**図6-16**）。経度、緯度の順番になっているので注意してください。

フィールドを指定して「CONTINUE」ボタンをクリックすると、**図6-17**のように世界地図が表示され、日本の上にオレンジ色の点が表示されます。

○図6-16　緯度経度の列を指定

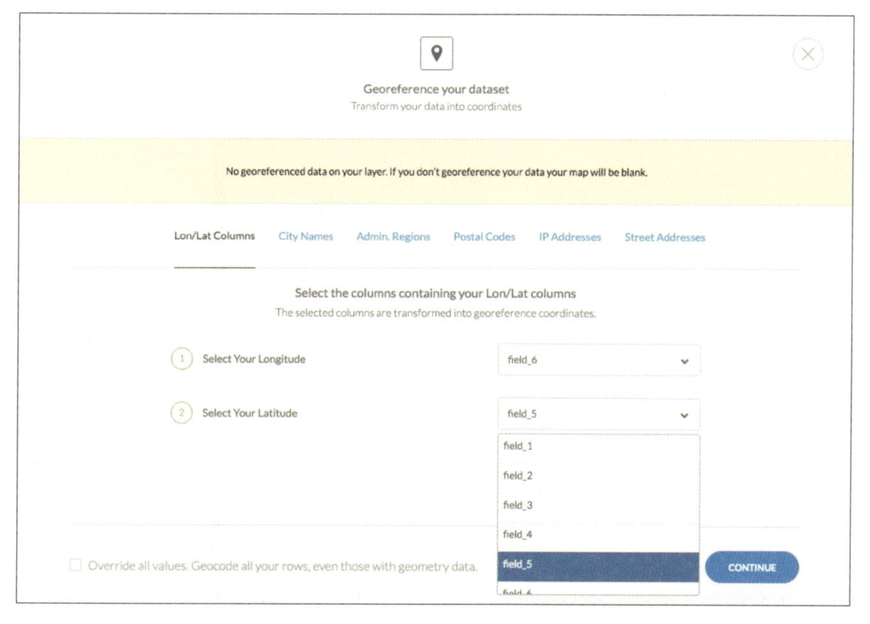

○図6-17　MAP VIEW画面

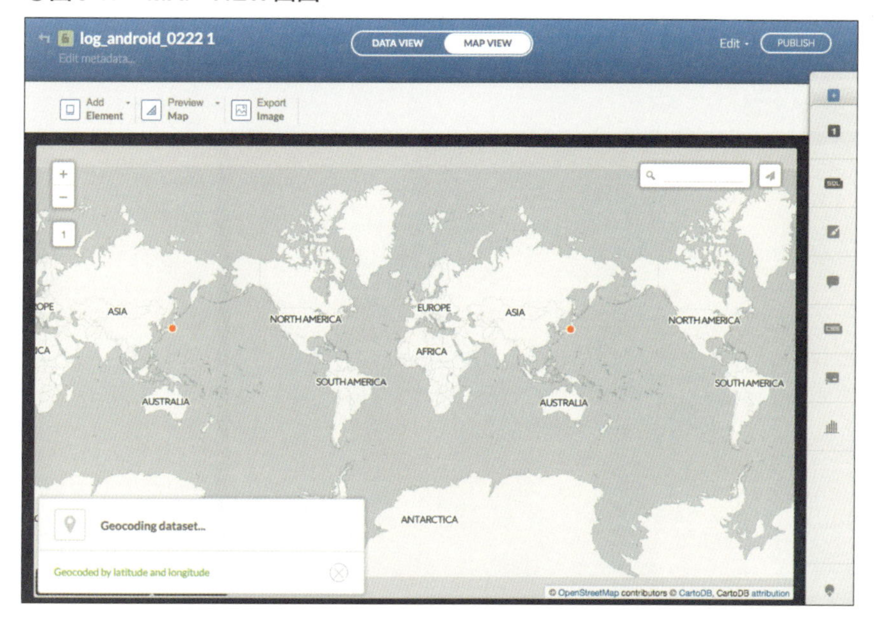

画面左上にある［+］記号で地図を拡大できます。また、マウスでドラッグすると、地図の表示場所を動かせます。オレンジ色の点（●）が中心に表示されるように、移動させながら地図を拡大します（**図6-18**）。さらに拡大していくと、**図6-19**ようにいくつかのオレンジの点が表示されます。このようにログデータを可視化することによって、アプリ使用者が歩いた軌跡を地図に表示することができました。

○図6-18　MAP VIEW画面（図6-17を拡大表示）

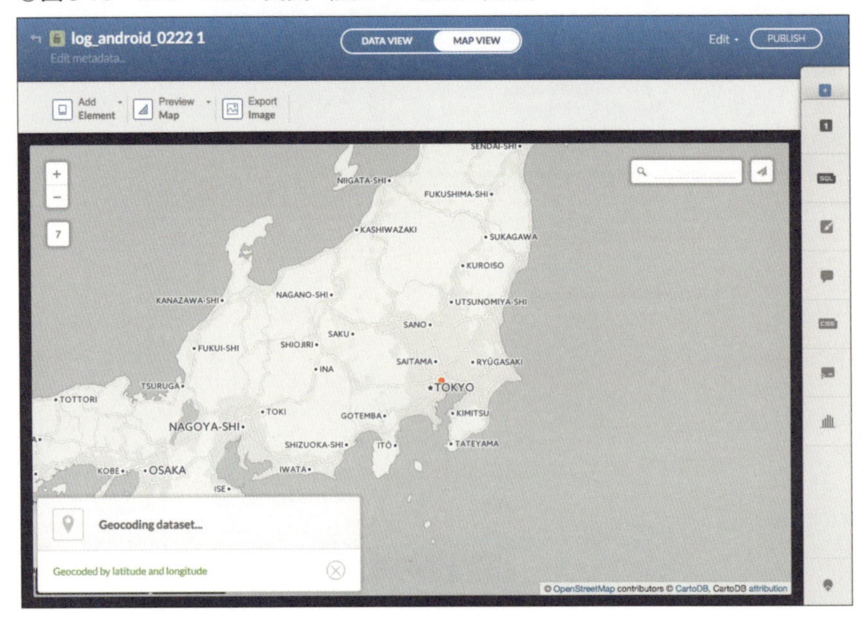

○図6-19　MAP VIEW画面（図6-18を拡大表示）

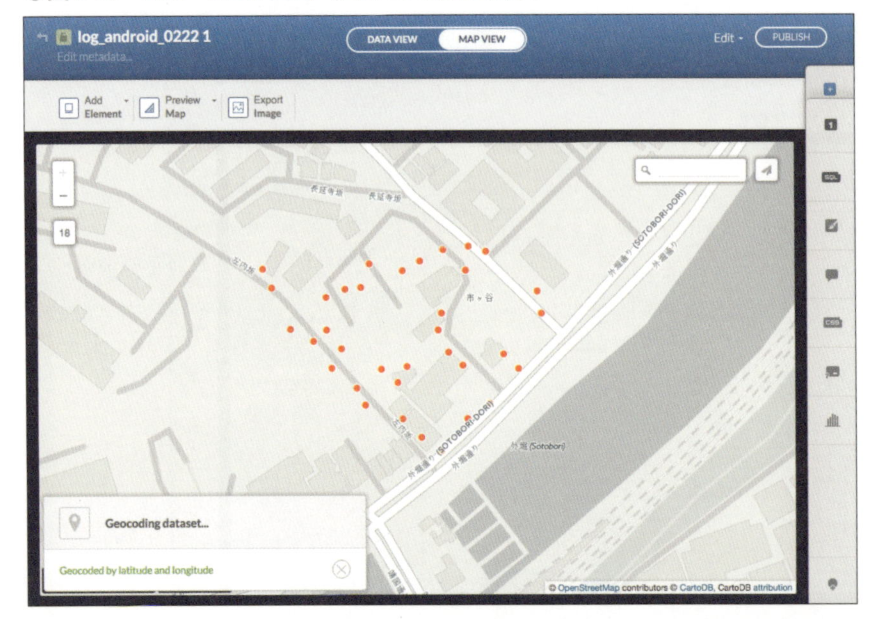

6.8 地図をカスタマイズする

CartoDBには、いくつかの表示形式が用意されおり、簡単にカスタマイズできます。

SIMPLE表示形式

MAP VIEW画面（図6-19）の右にあるをクリックすると、「Map layer wizard」（図6-20）が表示されます。デフォルトの表示形式として「SIMPLE」が選択されています。

HEATMAP表示形式

「Map layer wizard」の「<」や「>」をクリックすると、サポートしている表示形式を選択できます。表示形式で「HEATMAP」を選択すると、**図6-21**のように表示されます。

HEATMAP表示形式は、同じ位置情報のデータ数によって、多ければ赤い色で表示され、少なければ水色で表示されます。先ほどのSIMPLEという表示形式では歩いた軌跡がわかりましたが、HEATMAPにすることで同じ緯度経度のデータが多い場所がわかります。

TORQUE表示形式

次に、TORQUE表示形式に切り替えてみます（**図6-22**）。

TORQUE表示形式では、データを時系列によってアニメーション表示して、移動の軌跡を時系列で知ることが可能です。「Time Column」項目で指定した列を整列してアニメーションします。

○図6-20　Map layer wizard

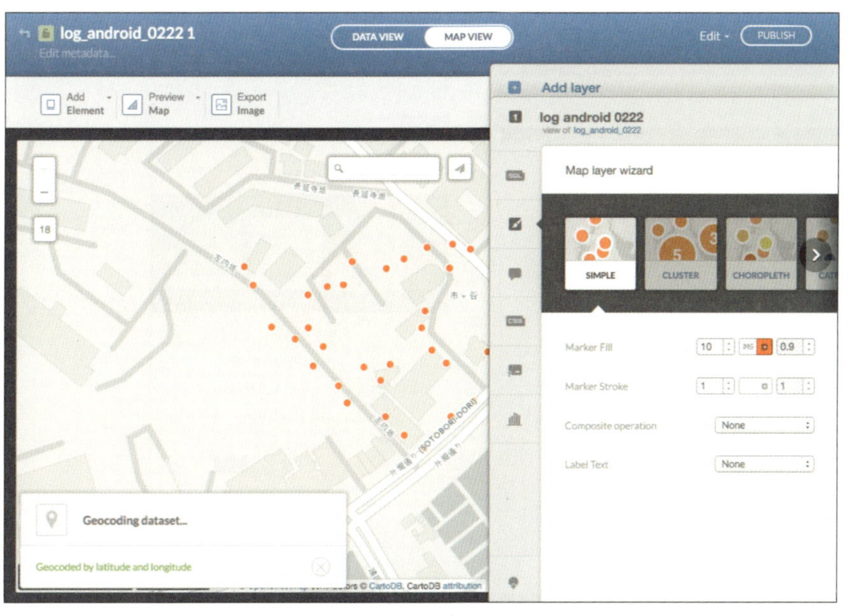

ここでは、シンプルなログデータを使って可視化を行いましたが、例えば、ログデータの中にユーザを識別する情報が含まれていれば、複数のユーザがどのように行動したかなどを色分けして視覚的に表現することも可能です。

○図6-21　MAP VIEW画面（HEATMAP表示形式）

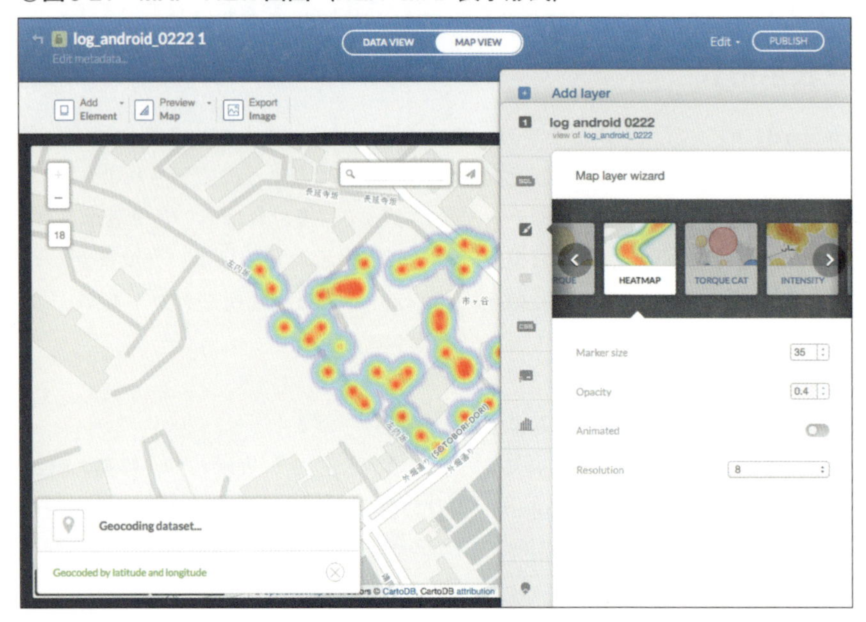

○図6-22　MAP VIEW画面（TORQUE表示形式）

6.9 地図を公開する

作成した地図は、簡単に公開できます。先ほど作成したHEATMAP表示形式（**図6-23**）を公開してみましょう。

画面右上にある「PUBLISH」ボタンをクリックすると、**図6-24**のように3種類の公開方

○図6-23　MAP VIEW画面（HEATMAP表示形式）

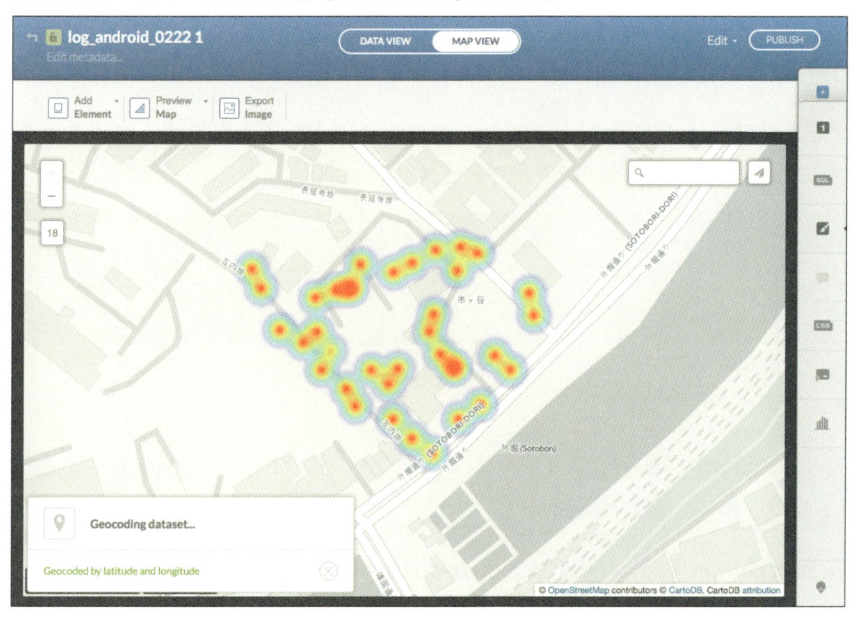

○図6-24　3種類の公開方法

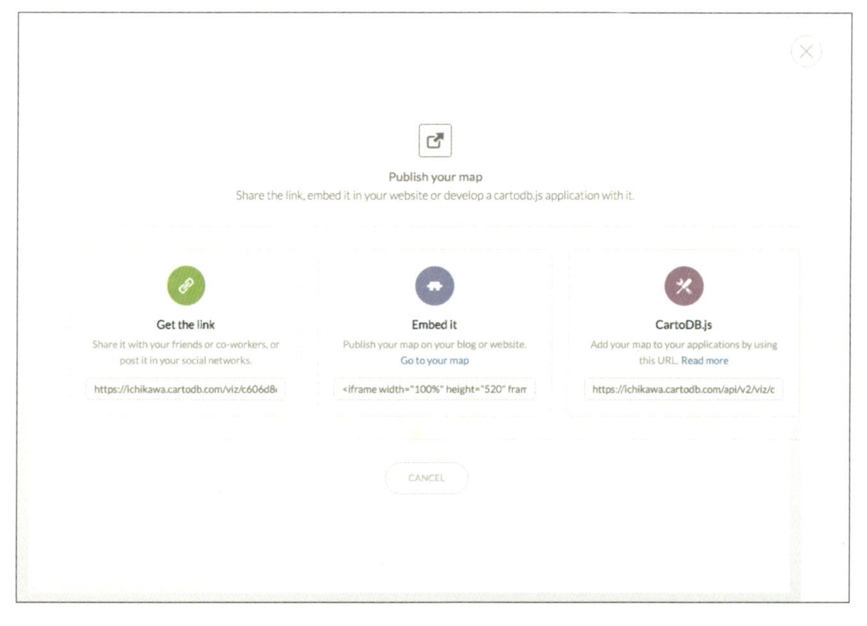

法が用意されています。

URLリンク

「Get the link」にはURLを使って地図にアクセスできます。次のURLは「Beacon入門」アプリのログから作成した地図の例です。

https://ichikawa.cartodb.com/viz/35070a2c-da12-11e5-8ec8-0ecd1babdde5/public_map

HTML埋め込み

「Embed it」ではHTMLとして組み込む場合のHTMLタグが出力されます。このタグをHTMLファイルに追加するだけで地図が表示されます。

```
<iframe width="100%" height="520" frameborder="0" src="https://ichikawa.cartodb.
com/viz/35070a2c-da12-11e5-8ec8-0ecd1babdde5/embed_map" allowfullscreen
webkitallowfullscreen mozallowfullscreen oallowfullscreen msallowfullscreen></
iframe>
```

WebAPI

「CartoDB.js」にはWebアプリケーションやスマートフォンのアプリに地図を表示するためのWeb APIも用意されています。

https://ichikawa.cartodb.com/api/v2/viz/35070a2c-da12-11e5-8ec8-0ecd1babdde5/viz.json

このURLにアクセスすると、JSONデータが返ってきます。Webアプリケーションやスマートフォンのアプリで、JSONデータを解析して地図を表示できます。JSONデータの仕様については、以下のWebページを参照ください。

http://docs.cartodb.com/cartodb-platform/cartodb-js/

6.10 地図やデータセットの管理

CartoDBでは、作成した地図やデータセットは、ダッシュボード（**図6-25**）で管理できます。ダッシュボードの左上にあるMap/Datasetsを切り替えることで、作成した地図やデータセットの一覧（**図6-26**）を確認できます。

これらの画面では、地図やデータセットの名前、説明文の変更、地図やデータセットの削除などが行えます。

○図6-25　ダッシュボード（アカウントのトップ画面）

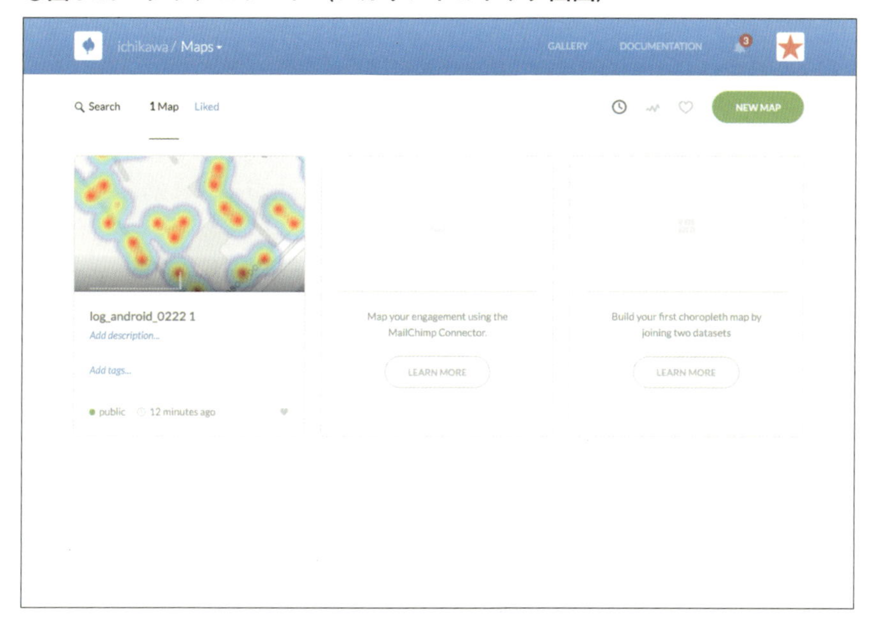

○図6-26　データセットの一覧

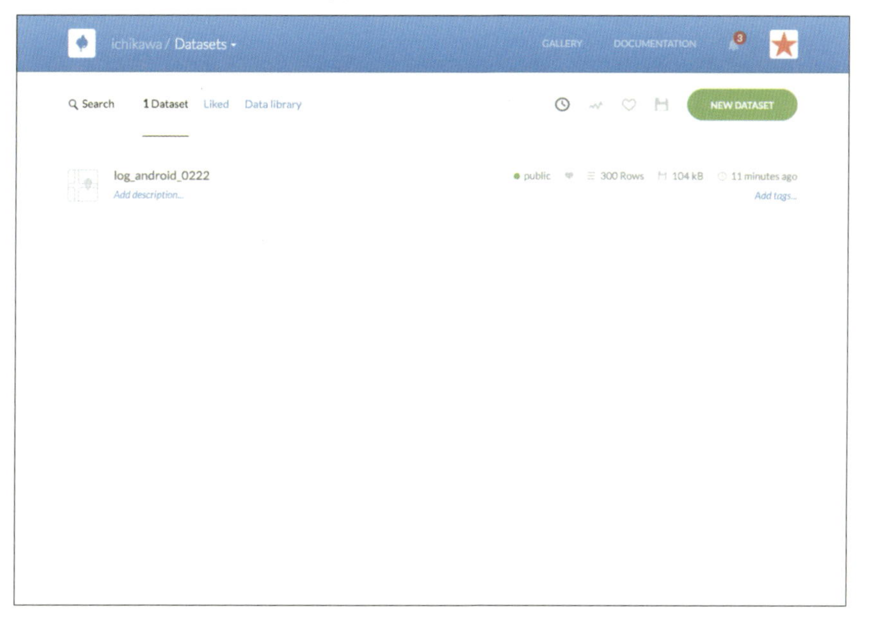

6.11 おわりに

iBeacon対応のアプリで記録できるログは、まさに利用者のライフログと呼べるものです。このログデータをどのように可視化し、どのように分析し、それをどのように活用していくのかが重要でしょう。

iBeaconが普及してiBeacon対応のアプリが増えていけば、それらのログを分析することで、世の中の人やモノの流れなどを総合的に分析できるようになります。

Part3 活用編

第7章
ビーコンの活用に向けたヒント（基礎技術編）

本章では、ビーコンのメリット／デメリットのほか、ビーコンデバイスの進化の流れなどを説明します。また、ログを活用する際の考え方についても整理します。

7.1 はじめに

ここまで、ビーコンの基礎的な知識やiBeacon対応アプリの実装方法やビーコンログの可視化方法について説明してきました。

ビーコンデバイスは、単独では電波を発信しているだけの単純な装置と言えますが、単純であるが故に応用や活用できる場面が想像以上に多くあります。

本章では、みなさんがビーコンを活用する場面を想像するためのヒントとなるよう、まずはビーコンを取り巻く技術を紹介します。

7.2 ビーコンのメリット

①導入コスト、運用コストが低い

ビーコンデバイスは、BLEチップを搭載した小さな基盤と電池のみで構成される装置なので、低価格での提供が可能です。また、運用時のコストは基本的には電池代だけです。

さらに、ビーコンデバイスの設置は、ケースに入ったビーコンを置いたり、両面テープで張り付ける程度なので、大規模な工事も必要ありません。

②信号が届く範囲を調節できる

ビーコンデバイスは信号の強度を設定できる機種であれば、約10mくらいの狭い範囲から、約100mという広い範囲まで信号が届きます。

狭い範囲に設定にすればピンポイントの位置情報サービスを構築でき、広い範囲に設定すれば、広範囲、大人数向けのサービスを構築できます。“点”のサービス、“面”のサービスのどちらも構築できます。

③屋内・屋外で利用できる

ビーコンデバイスは屋内外問わず活用できます（防水・防塵対策がされ屋外に設置可能な機種もあります）。

微弱電波であるため、他の機器への影響も少なく、病院などの施設でも使用可能です。また、携帯電話の電波やGPSの信号が届きにくい地下のような場所でも、位置情報サービスを提供できます。

④持ち歩くことができる

ビーコンデバイスは小型であるため、持ち歩くことが可能です。ビーコンデバイスの形状もさまざまあり、持ち歩くことを前提としたケースに入っているものもあります。

7.3 ビーコンセンサー、中継器

本書では、ビーコンデバイスからの信号を受信するデバイスとして、BLE機能を搭載しているスマートフォンやタブレット端末を例に説明してきました（**図7-1**）。

それ以外にも、BLE機能を搭載していれば、ビーコンデバイスが発信するブロードキャスト信号を受信して、なんらかの動作を行うことが可能です。すでに、ビーコンデバイスの信号を受信する機能を持つ装置なども開発されています。2016年2月の時点では、このような装置の呼び名が定まっていないため､本書では仮に「ビーコンセンサー」または「中継器」と呼びます。

図7-2（上段）のような装置の場合、ビーコンからの信号を受け取ると、組み込まれたアプリケーションによって、ハードウェアを動作させたり、画面に何かを表示するなどの機能が実現できます。図7-2（下段）のような装置の場合、ビーコンからの信号を受信すると、その識別情報などをクラウドサーバに通知し活用することが可能となります。

○図7-1　ビーコンの信号を受信（スマートフォンやタブレット）

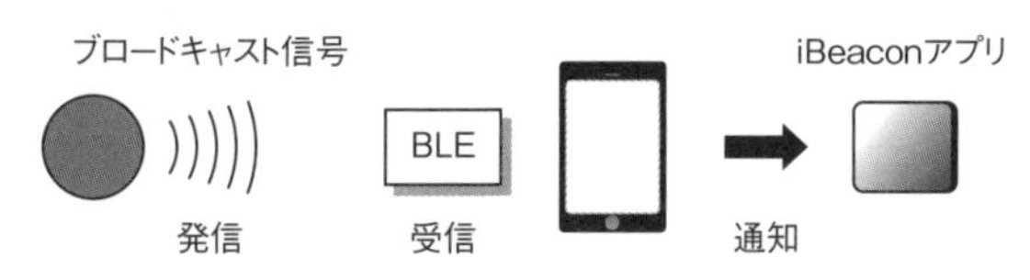

○図7-2　ビーコンの信号を受信する装置のイメージ

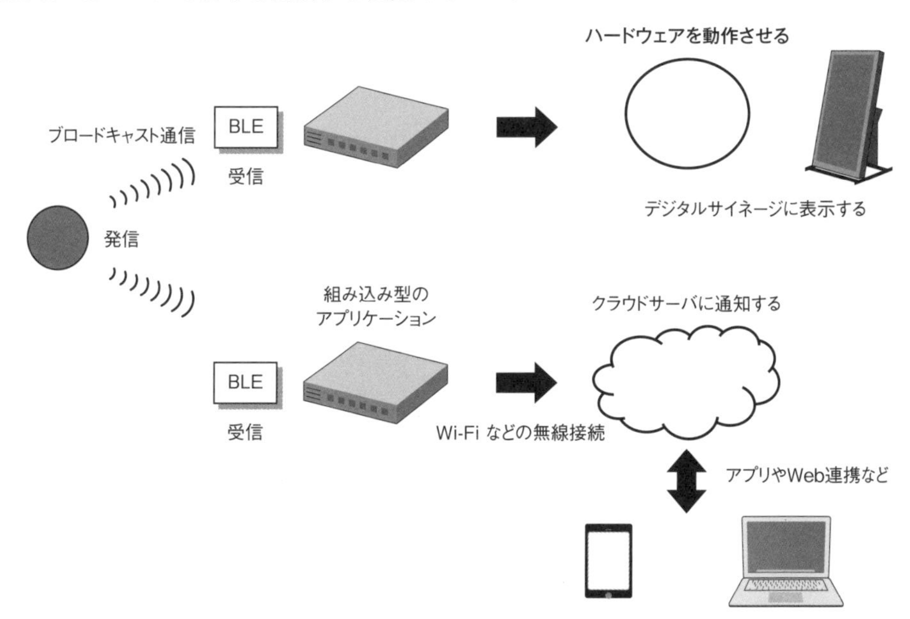

IoT（モノのインターネット）の分野では、ビーコンの信号と連携した装置によって人手を介さずに機能やサービスを提供できることが注目されています。このようなビーコンセンサーや中継器の登場により、利用者がビーコンを持ち歩く「モノ」にビーコンデバイスを取り付けるという活用パターンも考えられるようになりました。

7.4 センサー付きビーコン

ビーコンデバイスの新たな流れとして、センサー機能が搭載されたものも登場しています。センサー機器として、温度センサーや湿度センサー、照度センサーなどを始め、いろいろなものを組み合わせることができます。

iBeaconやEddystoneの規格は、BLEのブロードキャスト通信を使ってビーコンを識別する情報を送信しています。このブロードキャスト通信は一方向ですが、iBeacon対応アプリでビーコンを識別後に、ビーコンデバイスとの接続を確立すれば、双方向での通信が可能です。

接続が確立した後の通信で、ビーコンデバイスに搭載されたセンサー機器からの情報を取得すれば、iBeacon対応アプリでセンサー機器からの情報を使った機能やサービスを提供できます（**図7-3**）。

iBeacon対応アプリが、ビーコンの周囲の気温や湿度を知ることができれば、これまでにないサービスが実現可能です。

ビーコンデバイスの進化により、**図7-4**のように2つの大きな流れができてくると考えられます。

ビーコン単体の機能に特化

ビーコン単体の機能に特化した場合、ビーコンデバイスの低価格化や小型化が進むのは自然な流れです。特にビーコンデバイスの電源が多様化することが期待できます。より大容量の電池、太陽光発電、自己発電（振動による発電など）のように、電池交換の期間が長くなったり、電池交換が不要なビーコンデバイスもすでに登場し始めています。

また、逆に電池を小型化して短期間しか使用しないが、極端に小さく、安価なビーコンデバイス（使い捨てビーコンデバイス）などの登場も予想できます。

○図7-3　センサー付きビーコンのイメージ

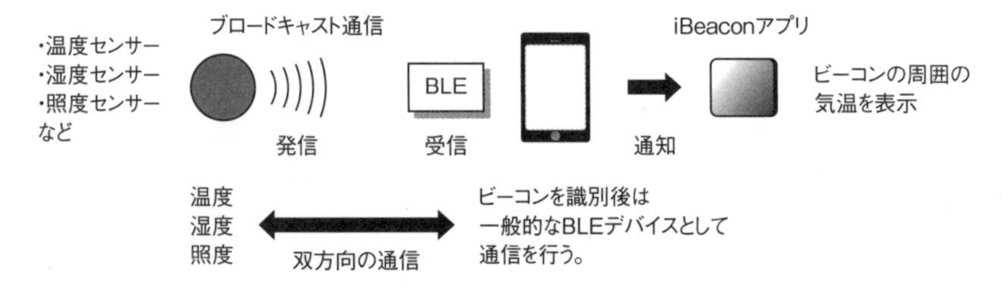

○図7-4　ビーコンデバイスの進化

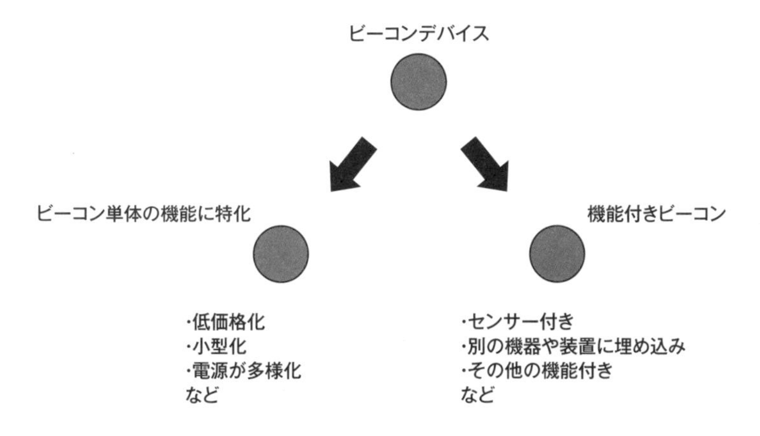

また、ビーコンデバイスのケース（外観）も、設置しやすい形状、持ち運びしやすい形状、スイッチ付きでスイッチを押したときだけ信号を発信するなど、さまざまなビーコンが開発されています。

機能付きビーコン

もう1つの流れは、センサー付きビーコンのように機能付きのビーコンが考えられます。センサー機器の組み合わせは、ある意味では無限に考えられます。

さらに、別の機器や装置にビーコンを埋め込むことも考えられます。例えば、家電製品、デジタルサイネージなどに、ビーコンが埋め込まれることは容易に想像できます。これらのような電気機器以外でも、電源さえ確保できれば、ビーコンデバイスを埋め込むことが可能です。

その他、光るもの、音や音楽を鳴らす、何かの機械や装置を動かすものなども考えられます。

7.5 ログ活用

ビーコンを活用したシステムやサービスでは、スマートフォンやタブレット端末などにインストールされたアプリ、ビーコンセンサーや中継器などを通じて、ログを収集・蓄積できるようになります。ビーコンの活用という意味では、この蓄積したログをどのように利用していくかも重要です。

システムやサービスの仕組みよって違いはありますが、日時、ビーコンデバイスの識別子、ビーコンデバイスとの距離、緯度経度などの位置情報、利用者の識別情報、利用者の属性（年齢や性別など）、利用者のアクション（例えば画面上のボタンを押した）などの情報をログとして記録可能です。また、各種センサー付きビーコンを活用した場合は、気温や湿度などセンサーによって集められた情報も併せてログに記録できるでしょう。

当然ながら、このログを活用するためには、目的に合わせて適切な方法で可視化し分析することも必要になってきます。

ログを分析する目的

ケーススタディとして、次のような条件でログを蓄積していたとします。

- 数十件程度の商店（店舗）が集まった商店街の通り沿いにあるすべての店舗にビーコンが設置されていて、商店街を利用する客のほぼ全員のスマートフォンにiBeacon対応アプリが入っている
- 1ヶ月間蓄積されたログを分析する

このような条件だと大量のログが蓄積されるので、ログを1行ずつ分析するのは不可能です。このような大量のデータを分析する際に重要なのが、データマイニング的なアプローチや統計的なアプローチです。

また、分析に際しては目的も必要です。例えば、第6章で紹介したCartoDBにログをすべて投入して、可視化（地図データ化）を行っても、地図上に無数の点が表示されるだけで、そこから得られることが何もない可能性もあります。

分析の目的は、次の2つに分類できます。

- 仮説の検証
- 新しい発見

◆ 仮説の検証

仮説の検証を目的とした分析では、その仮説に合わせてログを分類してから分析します。「平日の昼間は、女性客が多い」という仮説を検証するのであれば、曜日ごとに、男性、女性のデータ件数を調べて表やグラフなどの形式で可視化します。

また、「午後3時までは、東側から西側に向かって歩く人が多い」という仮説を検証するのであれば、午後3時前と午後3時以降にデータを分け、さらに、利用者の識別情報を使ってサンプリングを行い、アニメーションする地図で可視化を行う必要があるでしょう。

このように、仮説を立てて検証することによって、経験則や体感していた事象をログの分析によって立証できます。

◆ 新しい発見

新しい発見を目的とした分析は、仮説を立てずに、パターンや規則性を見い出すものです。

ビーコンの識別子にお店の種類が紐づけできていれば、「薬屋さんに寄った女性は、化粧品屋さんでも買い物をしている」や「喫茶店に15分以上滞在したお客は、それ以前に3軒以上のお店で買い物をしている」というようなパターンを見つけ出せるかもしれません。

ビーコンを活用したシステムやサービスでは、ピンポイントの位置情報のほかにビーコンとの距離も記録できるので、これらを組み合わせると「滞在時間」を算出することができます。

7.6 ビーコンのデメリット

一方、ビーコンには、いくつかのデメリットもあります。

①電源が必要

ビーコンは、電波を発信し続けるため、電気を供給する電源が必要です。設置して数年間は電池交換が不要の場合、電池が切れていることに気づかない可能性も出てきてしまいます。太陽光電池や乾電池を電源として使用するものも開発されていますが、それでも電源が失われる可能性はゼロではありません。

②ビーコンの設置場所が難しい

ビーコンデバイスが使用しているBLEは電波が微弱であるため、障害物などで信号が遮蔽される可能性があります。そのため人目に付きやすい場所に設置せざるを得なくなる可能性があります。小型であるため、紛失や盗難のリスクも考慮する必要があります。

③iBeacon対応アプリが必要である

ビーコンは単体では動作しないため、ビーコン信号を受信する側の仕組みが必要です。特に、スマートフォンやタブレット端末の場合にはiBeacon対応アプリが必要不可欠ですが、利用者にiBeacon対応アプリをインストールしてもらうという、高いハードルがあります。

また、スマートフォンやタブレット端末側でBluetooth機能を有効化してもらうこと、位置情報サービスを有効化してもらうことも、システムやサービスを提供する際のハードルの1つです。

④ビーコン識別子が詐称される可能性がある

ビーコンは識別子を信号として送っていますが、識別子を複製したビーコンを作ることができます（現時点では、複製への対策は困難です）。

そのため、決済や認証などの高いセキュリティが求められるサービスでは、ビーコン単体で識別するのではなく、別のソリューションと組み合わせて構築する必要があります。

7.7 おわりに

ビーコンを取り巻く技術や環境は日々、進化をしていますが、その原理や仕組みは単純なものの組み合わせです。そのため、活用シーンや利用可能なシーンの自由度が高く、アイデア次第では、さまざまな分野で活用できるでしょう。
　ただし、セキュリティの面では解決すべき問題も多く、今後法規制なども含めて検討する必要があります。

Part3 活用編

第8章 ビーコンの活用に向けたヒント（応用編）

前章では、ビーコンを活用する際の基礎的な内容でしたが、本章では、具体的なシチュエーションを交えて説明します。もし自分の生活の一部にビーコンがあったらと想像しながら読んでください。

8.1 はじめに

前章では、ビーコンの活用に向けたヒントとして、ビーコンを取り巻く要素技術を説明しました。本章では、ケーススタディ形式でビーコンが活用できる可能性を考えていきます。また、一部すでに実現しているサービスも含め紹介します。

8.2 商業、観光分野

商店街にビーコンがあったら

商店街、公園、公衆トイレ、交番など、街にビーコンがあったら、商店街にある看板、広告、デジタルサイネージなどにビーコンが付いていたら、どのようなサービスが構築できるでしょうか。

- お店の紹介や営業案内
- 飲食店メニューの多言語化
- 小売店などのセール情報や商品入荷情報の発信
- 商店街共通ポイントサービスや来店ポイントサービス
- 公園や公衆トイレ、交番などへの道案内
- 看板、広告、デジタルサイネージから、動画サイトなどへ誘導

商店街のような街にビーコンがあったら、商店街の利用者に密着したサービスが構築でき

るでしょう。商店街の場合はリピーター向けのサービスや、日常的に使用できるサービスが理想的です。ここで蓄積されたログは、商店街の人の流れの把握、商店街としてのマーケティングデータの収集などに活用することができるでしょう。

◆ まっちとくポン（スマートリンクス㈱）

商店街での活用に特化した、ホームページとスマホアプリのソリューションです。iBeaconを活用して、利用者のスマートフォンにリアルタイムで情報を発信する仕組みや、スタンプラリーなどのイベント機能を提供しています。2016年2月現在、東京都杉並区の高円寺エリア、荻窪エリアでサービスを提供しています。

http://smartlinks.jp/tokupon/

◆ timewallet（㈱H2H）

タイムウォレットは「時間」が単位の新しい共通ポイントサービスです。店舗や施設、交通機関での滞在時間や移動時間などの「時間」を「min」という単位でポイントとして貯められます。貯めた「min」を他のサービスで楽しめる「時間」に交換できます。

http://timewallet.jp/

観光地にビーコンがあったら

観光スポット、名所・旧跡、寺社、仏閣、景観地、お土産屋、ホテル、旅館など、観光地にビーコンがあったら、また、観光客がビーコンを持っていたら、どのようなサービスが構

築できるでしょうか。
　設置したビーコンは次のような活用方法が考えられます。

- 観光ガイド
- 看板や案内板の多言語化
- 観光地図、観光ルートや散策コースの案内
- お参りのマナーや作法などの動画による紹介
- お土産品、名産品の紹介、ECサイトへの誘導、クーポンサービス
- ホテル、旅館の館内案内、予約

　また、ホテル、旅館の宿泊客が持っているビーコンで次のように活用できます。

- ホテル、旅館等の宿泊客向け割引などのサービス
- 散策コースを外れた時の警告などの、安心・安全サービス

　観光地が商店街と違うのは、観光客の多くが「一見さん」であるという点です。何度も通ってポイントを溜めるようなリピーター向けのサービスよりも、その場で使用できるサービスのほうが理想的と考えられます。近年は外国人来訪者も増えていますので、多言語対応のサービスも期待できます。
　ホテル、旅館等で宿泊客にビーコンを貸し出すことができれば、いろいろなサービスが展開できる可能性もあります。
　ここで蓄積されたログは、観光地の人の流れの把握、マーケティングデータの収集に活用できる他、観光ルートや散策コースへの案内板設置などにも役立てられます。

◆ 景観案内アプリ（㈱アウリス）

　東京タワー×iBeacon、MEGA WEB×iBeacon、小田原城×iBeacon、江ノ島電鉄×iBeaconなど、観光地、景観地向けのiBeacon対応サービスとして導入が進められています。

http://www.auris.co.jp/

　東京タワーでは、先進的な取組みとして、ビーコンとデジタルサイネージの連携なども行われています。

http://www.tokyotower.co.jp/hot_topics/index.cgi?tno=2364
https://www.youtube.com/watch?v=iP1zp1rObLs

◆ みんなのてんこ（㈱クレスコ）

ツアーなど、団体旅行の参加者がビーコンを持つことで、集合場所などでの「点呼」を行うための仕組みです。ショートメッセージ（SMS）と連携して、ツアー参加者に集合時間や場所を連絡することができます。

http://service.cresco.co.jp/tenko.shtml

美術館、博物館、動物園、植物園などにビーコンがあったら

美術館、博物館、動物園、植物園などにビーコンがあったら、また、来場者がビーコンを持っていたら、どのようなサービスが構築できるでしょうか。

設置したビーコンは次のような活用方法が考えられます。

- 展示室の案内
- 経路や順路の案内
- 展示品、動物、植物の紹介（多言語での説明）

また、来場者が持っているビーコンは次のものに利用できます。

- 来場者のチケット
- 再入場のチェック
- 展示物の紹介用デジタルサイネージなどと連携

ビーコンの活用事例として、一番最初に思いつくのが、美術館や博物館のように展示を行っている施設での活用ではないでしょうか。実際にこのようなサービスの導入事例は少なくありません。

来場者がチケット代わりにビーコンを持つモデルは、展示品の案内にとどまらず、来場者のための便利なサービスに発展する可能性があります。

施設型の展示だけでなく、屋外型、街に点在するミニ博物館などでの活用も期待できます。複数の施設で共通チケットなども実現できます。ここで蓄積されたログは、館内、施設内の人の流れの把握、展示品などの前の滞留時間計測のほか、さまざまな面で活用できます。

スーパー、デパートにビーコンがあったら

スーパーマーケット、デパート、ショッピングモールなどにビーコンがあったら、どのようなサービスが構築できるでしょうか。ビーコンを設置できそうな場所を羅列してみます。

- テナントや商品のコーナー（○○売り場など）
- 商品の棚
- 商品（洋服のハンガー、靴の中など）
- デジタルサイネージ
- 通路やエレベーターホール、エスカレーター、階段
- 各出入り口や、非常口
- 駐車場

建物や施設の中での活用ということを考えると、設置場所によって、さまざまなアイデア

を思いつくでしょう。実際に、いくつかの施設では、実証実験も行われています。ビーコンを設置するのではなく、お得意様にビーコンを持ってもらうというモデルなども、便利なサービスに発展する可能性があります。

スーパーマーケットやデパート、ショッピングセンターであれば、POSシステムなどが導入されており、すでにさまざまなマーケティングデータを収集、活用していると考えられますが、さらに、ビーコンを活用したシステムとのクロス分析を行うことで、新たな発見などもあるかもしれません。

8.3 祭り・ゲーム・イベントでの活用

山車、御輿にビーコンが付いていたら

祭り、ゲーム、イベントのように、期間が限られた催事の場合、目的に合わせて活用できるのも、ビーコンのメリットでしょう。

- 山車、御輿、連にビーコンを付けて追跡する
- イベントの会場にビーコンを設置する
- 仮設トイレにビーコンを設置する
- お祭りの屋台、出店（わたがし屋さん、たこ焼き屋さん）

また、ビーコンを活用したスタンプラリー、宝探しなど、ビーコンという仕組みを利用したイベントも行われています。その他として、俗にいう「位置情報ゲーム」への展開も期待

できます。ここで蓄積されたログは、人の流れのほか、混雑状況の把握に活用できます。

◆ 東京高円寺阿波おどり、高円寺演芸まつり（スマートリンクス㈱）

高円寺におけるiBeacon活用事例として、高円寺で行われるイベントで、実証実験を行っています。イベントの性質が異なるため、iBeaconの活用方法も異なります（次章で詳しく解説します）。

- 東京高円寺阿波おどり
  http://smartlinks.jp/阿波おどりアプリ/
- 高円寺演芸まつり
  http://smartlinks.jp/koenjiengei/

ここで使用するビーコンは、第10章で紹介する「まちビーコン」の仕組みを使って、公開（オープン化）する予定です。

展示会の出展ブースにビーコンが付いていたら

展示会などの出展ブースにビーコンが付いていたら、また出展社の社員、スタッフ、来場者がビーコンを持っていたら、どのようなサービスが構築できるでしょうか。

設置したビーコンは次のような活用方法が考えられます。

- 出展企業の案内
- 製品ホームページ等への誘導

- 商談の申込み
- 資料請求

また、出展社の社員、スタッフ、来場者が持っているビーコンは次のように活用できます。

- 入退室の管理
- 来場者のチケット、再入場の管理

屋内で使用でき、さらには、ピンポイントでの位置情報を扱えるビーコンだからこそ、展示会でも活用することができます。ここで蓄積されたログは、人の流れの他、混雑状況が把握でき、イベント主催会社だけでなく、出展企業へのフィードバックできます。

◆ swinget（エニーシステム㈱）

「彩の国ビジネスアリーナ2016」にて、展示会におけるiBeaconの活用の実証実験を行いました。

http://anysystem.co.jp/

8.4 交通分野

バス停にビーコンがあったら

バス停にビーコンが付いていたら、どのようなサービスが構築できるでしょうか。バス停にビーコンがあれば、バスターミナルのような場所でも、それぞれの乗り場などを一意に特定できます。

- 時刻表
- 経路案内
- バスの運行状況確認
- 車両接近情報
- 周辺案内
- バスの混雑具合

また、アプリやWebなどを使ってサービスを提供できるので、将来の展開として、視覚障がい者、聴覚障がい者、高齢者、子供向け、外国人向けなど、アプリ利用者の属性に合わせたガイドサービスも構築できるでしょう。

ここで蓄積されたログは、バス停の利用状況や混雑状況の把握にも活用できます。

バスやタクシーの車両にビーコンが付いていたら

運転手が持つスマートフォンのGPSと連動した、簡易なバス、タクシーの運行情報システムを構築できます。バスやタクシーのリアルタイムの位置情報がわかることで、さまざまなサービスに展開できます。

また乗客向けのサービスとして、ビーコンを使用することも可能です。

駅にビーコンがあったら

駅にビーコンがあったら、どのようなサービスを構築できるのでしょうか。ビーコンを設置する場所のアイデアを羅列してみます。

- 改札
- ホーム
- ホームの車両停止位置（ドアごと）
- トイレ
- 券売機

東京駅のように、多数の路線が乗り入れる大きな駅や地下鉄の駅などは、複雑な構造をしています。屋内や地下であるため、ビーコンによって利用者の位置情報がピンポイントで特定できれば、さまざまなサービスを構築できます。

ビーコンを使った実証実験も行われています。

◆ 乗り換え案内アプリ「駅すぱあと」でビーコン実証実験（㈱ヴァル研究所）

ビーコンを活用した地下鉄駅から地上への出口案内の実現と、新たな事業モデルを展開するため、モデルケースとして銀座駅周辺で実証実験が行われました。

8.5 防犯・安心安全

見守り系

人がビーコンを持ち歩くことで、「見守り」のようなサービスを構築できます。スマートフォンやビーコンセンサーや中継器のような専用のセンサー機器を設置することで、見守りサービスを実現できます。

- 高齢者がビーコンを持ったら
- 子供がビーコンを持ったら

また、見守りだけでなく、商業、観光分野で紹介した「点呼」のようなサービスも有効でしょう。

安心安全

街中には、生活者の安心安全のために用意された設備が設置されています。これらの設備にビーコンがついていたら、どのようなサービスが構築できるでしょうか。

- AED
- 公衆電話、非常用電話

また、110番や119番への通報時に、今いる場所の住所がわからない場合も少なくありません。以前ならば、電柱に番地が書かれていましたが、都内などでは、電柱がない町も増えてきています。

ビーコンによって、ピンポイントの位置がわかれば、安心安全にも寄与できるでしょう。

防犯・セキュリティ系

防犯やセキュリティ分野でも、ビーコンを活用できる可能性があります。

- 家のセキュリティシステム
- 防犯カメラとの連動

これらでビーコンを活用するためには、ビーコンのデメリットである「ビーコン識別子の複製」という課題もあります。しかし、現状でも、ビーコンを単独で使用するのではなく、他のソリューション（例えば、スマートフォンのアプリ）と連携することで、実現の可能性は高くなるでしょう。

8.6 農業・漁業分野

農業、漁業、畜産業、林業などの一次産業に分類される分野でも、ビーコンを活用した仕組みやシステム、サービスを構築できます。

- 畑、水田にビーコンがあったら
- 養殖場にビーコンがあったら
- 畜産（牛・豚など）にビーコンが付いていたら
- 木にビーコンが付いていたら

「センサー付きビーコン」のような機能性の高いビーコンと、ビーコンセンサーや中継器などを組み合わせた仕組みが活躍できる分野ではないでしょうか。

気温、湿度、天気などの情報と併せてログを収集することで、その活用が期待できます。

8.7 気象分野

気象分野では、ピンポイントの情報収集のために「気温センサー」「湿度センサー」などを搭載したセンサー付きビーコンが活用できます。

これらのセンサー付きビーコンからの情報をスマートフォンのアプリが受け取れば、生活者個人に対してプッシュ型で通知も可能です。また、こういったセンサー付きのビーコンが各地に設置され、そのログが蓄積されれば、統計的な利用のほか、いろいろな業種への情報提供なども可能になるでしょう。

8.8 防災分野

防災や減災のための仕組みとして考えると、電池を電源としているビーコンデバイスを活用できる場面があります。災害が発生したあとに活用できるシーンを列挙します。

- 避難所への誘導
- 避難所などでの個人識別（さがし人）
- 防災設備、公衆電話の場所
- 給水所などでの案内

上記以外にも、ボランティアスタッフの受付にも活用できます。しかし、ここで問題となるのは、活用するためにはiBeacon対応のアプリが必要になるという点です。

災害時に慌ててアプリをダウンロードしてもらうことは困難です。あらかじめ生活者のスマートフォンに、これらの機能やサービスを提供するアプリをダウンロードし、インストールしておいてもらう必要があります。そのためには、次のような工夫が必要です。

- 防災専用アプリとして、避難訓練の際にインストールしてもらう
- 日常的に使用できるアプリとしてインストールしてもらい、イザというときは防災・減災用の機能やサービスが提供される

第10章で紹介する「まちビーコン」の構想では、後者の方式を構築できるような仕組みを考えています。防災・減災という分野で考えると、ビーコンが扱うピンポイントの位置情

報は、さまざまな活用のアイデアが出てきます。

8.9 ビジネス分野

オフィスや工場のように、ビジネス分野でもビーコンを活用した仕組みやシステム、サービスを構築できます。

- 受付にビーコンがあったら
- オフィスにビーコンがあったら
- 会議室にビーコンがあったら
- 食堂などにビーコンがあったら
- 工場にビーコンがあったら

オフィスや工場であれば、PCをビーコン信号の受信機として活用できるでしょう。センサー付きのビーコンを使用すれば、オフィスの環境（室温、湿度、照度など）を監視する仕組みとしても活用できます。社員や来客者がビーコンを持ち運ぶのは、次のような場面があります。

- 社員証
- 出退勤管理
- 来客者バッヂ
- 清掃なども含めた外部スタッフ

現状では、社員証にNFCを使ったカードを採用している企業もありますが、中小企業では、設備のコスト面などの理由から採用が見送られているケースも少なくありません。ビーコンを使った社員証であれば、導入や運用コストも安価に抑えられます。

8.10 測量、土木の分野

測量や土木の分野では、すでに精度の高い位置情報が活用されています。そのため、ビーコンデバイスは補助的な役割です。

工事や災害などで通行止めになった道路や歩道での情報提供、ハザードマップなどとの連携、降雨、降雪の監視業務で、センサー付きのビーコンや中継器と組み合わせて活用する場面があります。

8.11 統計

さまざまな分野でビーコンが活用されたときに蓄積したログを使った分析するためには、統計的なアプローチは無関係ではありません。

もう1つの活用方法はサンプリングです。アンケートやインタビューで情報を収集して統計データが作られています。

この情報を収集する場面で、サンプリングの対象者にビーコンを渡して行動してもらえば、自動的にログが記録されるな仕組みも構築できます。

8.12 おわりに

本章では、ケーススタディでビーコンが活用できる場面を説明しました。もしかしたら、皆さんのほうがもっと良いアイデアが浮かんでいるかもしれません。

また、本章で触れていない趣味的な分野や生活面での活用など、いろいろなアイデアをご自分で発想していってください。

Part3 活用編

第9章

[事例] 高円寺阿波おどりアプリ

本章では、事例として筆者らが実施した「高円寺阿波おどり」での実証実験を紹介します。システムの概要から、どのような結果になったのかまで説明しています。

9.1 はじめに

2014年夏、このプロジェクトはスタートしました。

「東京高円寺阿波おどり」は、毎年8月の最後の週末に行われる東京周辺で最大規模の阿波おどりのイベントです。阿波おどりでは、踊りのグループを「連（れん）」と呼びます。約30人くらいの小規模な連から100人を超える大規模な連まであり、東京高円寺阿波おどりには、約150の連（合計で約1万人）の踊り手が参加します。

東京高円寺阿波おどりでは、JR高円寺駅周辺から東京メトロ丸の内線の新高円寺駅周辺までの道路をいくつかに区切り、演舞場とします。この演舞場を連が移動しながら踊る「流し踊り」という形式で行われ、週末の2日間でのべ約100万人もの観覧者が沿道を埋め尽くします。

公式Webサイトやパンフレットには、開始時点で連がスタートする演舞場が記載されていますが、阿波おどりが始まると連は演舞場から演舞場へと踊りながら移動していきます。

このため、友人や家族が所属している連、本場の徳島からの招待連、また有名連など、お目当ての連が、今、どの演舞場で踊っているのかを知ることは難しく、NPO法人東京高円寺阿波おどり振興協会にも「連がどこで踊っているのか」という問い合わせの電話が多く寄せられているとのことでした。

しかし、連は踊りながら移動しているため、予定の時間どおりに運行できているのかを把握するのが難しく、現在、どの演舞場にいるのかを答えるのは難しいので、連がどこにいるのかをリアルタイムで追跡することができれば、こういった問い合わせにも対応しやすくなります。

筆者らは、iBeaconデバイスを用いて連をリアルタイムで追跡する方法を検討して、1つの仮説に辿りつきました。その仮説とは、観覧者のスマートフォンにインストールしたアプリをiBeaconセンサーとして活用し、連が持っているiBeaconデバイスを追跡すれば、リアルタイムで追跡ができるのはないかということです。つまり、「見る阿呆（観覧者）」の持つスマートフォンを使って、「踊る阿呆（踊り手）」を追跡することができるのではないかと考えたわけです。

9.2 アプリの目的

「高円寺阿波おどり」アプリは、iBeaconデバイスを用いて連を追跡できることを実証する目的で開発しました。2015年8月に開催された「第59回 東京高円寺阿波おどり」では、次のような観点で実証実験を行ないました。

技術的な観点は次のような内容です。

- 移動するiBeaconデバイスをアプリをインストールしたユーザ端末で検出し、その端末の位置情報をサーバに集積することで、連を追跡できるか

- 測位時間の調整によって負荷を分散させることは可能か
- アクセスが集中した際のサーバ負荷に問題はないか
- ビッグデータを分析することで、イベントに対してフィードバックできるか

また、実用化に向けた観点は次のとおりです。

- 連追跡という機能の必要性・実用性の検討
- 阿波おどりというイベントに対して必要な機能の洗い出し

9.3 システムの概要

「東京高円寺阿波おどり」アプリは、スマートフォンのGPSを使った位置測位機能とiBeaconデバイスの領域監視と距離測定を組み合わせて使用しています。追跡対象の連には、それぞれ別の識別情報を割り当てたiBeaconデバイスを用意します。

追跡時には、アプリは連に対応したiBeaconデバイスを検出すると、サーバに対してiBeaconデバイスの識別子と現在の位置情報を送信します。

サーバでは、アプリから送信された情報をログとして蓄積していきます。

連の追跡結果を確認するときには、アプリはサーバに対して連の位置情報を要求し、サーバから受け取った連の最新の位置情報を地図上に表示します。

「東京高円寺阿波おどり」アプリの概略システム構成図を**図9-1**に示します。

この実証実験では、ビーコンデバイスとして、㈱芳和システムデザイン製の「BLEAD」（**図9-2**）を使用しました。BLEADを34個用意し、高円寺阿波おどり連協会に所属する30連の高張り提灯（連の先頭で掲げられる提灯）に取り付けてもらいました（**図9-3**）。残りの4個は、インフォメーションテントなどに設置しました。

○**図9-1　システム構成図（概略）**

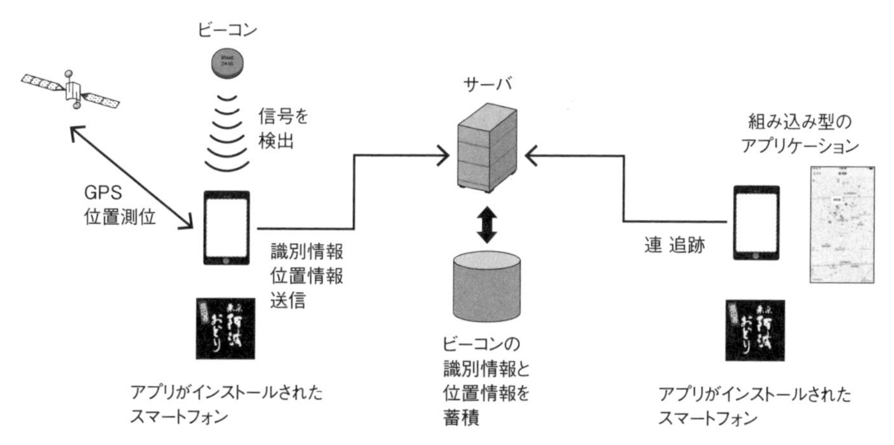

◯図9-2　ビーコンデバイスの仕様

BLEAD
㈱芳和システムデザイン

- 配信距離：100m（電波強度は4段階で調整可能）
- 対応機種：iOS7、Android4.3以上
- 技適取得：Apple社iBeaconProgram取得、FCC取得
- 直　　径：50mm
- 重　　量：21g
- 電池寿命：約1年

◯図9-3　高張提灯への取り付け

34個のビーコンを用意

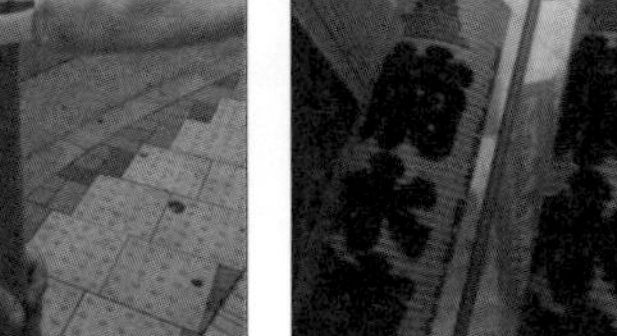

高張提灯への取りつけ例

ビーコンの電波強度

BLEADは電波強度を4段階に設定できます。メイン会場とも言える片側2車線の広い道路で事前にチェックしたところ、一番弱い電波強度でも反対側の歩道にあるビーコンからの信号を受信できましたが、例年、東京高円寺阿波おどりの当日には、2日間で約100万人の来場者が見込まれます。ビーコンの電波は微弱波なため、人体でも遮断されてしまう可能性があり、最終的には強いほうから2番目の電波強度に設定して使用しました。

9.4 アプリの仕様（iOS/Android）

「東京高円寺阿波おどり」アプリは、iOS版とAndroid版で、ほぼ同じ画面構成、同じ機能になるよう開発しました。

ホーム画面

ホーム画面（**図9-4**）は、各画面に遷移するためのボタンを表示しています。ビーコン領域に入ると、画面中央にもっとも近いiBeaconデバイスに対応する連の名前が表示されます。

連紹介⇒特定の連を追跡

高円寺阿波おどり連協会に所属する連を一覧で確認できます。一覧から、連を選択すると、連の紹介画面が表示されます。紹介画面から、「連 追跡」ボタンをタップすると、高円寺周辺の地図が表示され、その連の現在地が表示されます（**図9-5**）。

スタート地点マップ

パンフレットやホームページにも掲載されている連のスタート地点マップをアプリ上でも確認できるようにしました。日付を選択すると、当日のスタート地点マップが表示されます（**図9-6**）。iOS版、Android版とも、スタート地点マップをズームで表示できるようにしてあります。

連追跡（すべての連を追跡）

高円寺周辺の地図が表示され、地図上に位置情報が登録されているすべての連の現在地が表示されます（**図9-7**）。ピンやマーカーをタップすると、連の名前が表示されるようにしました。

このアプリについて

アプリの簡単な操作説明や利用上の注意点、ホームページへのリンクバナーなどが表示されます（**図9-8**）。

◯図9-4　ホーム画面

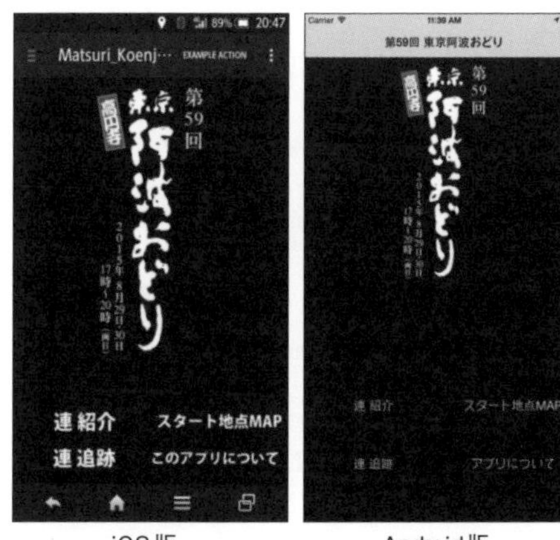

iOS版　　Android版

○図9-5　連紹介⇒特定の連を追跡

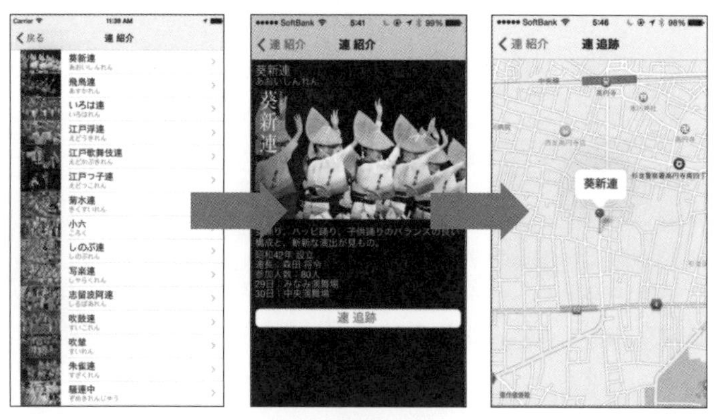

iOS版

Android版

○図9-6　スタート地点マップ

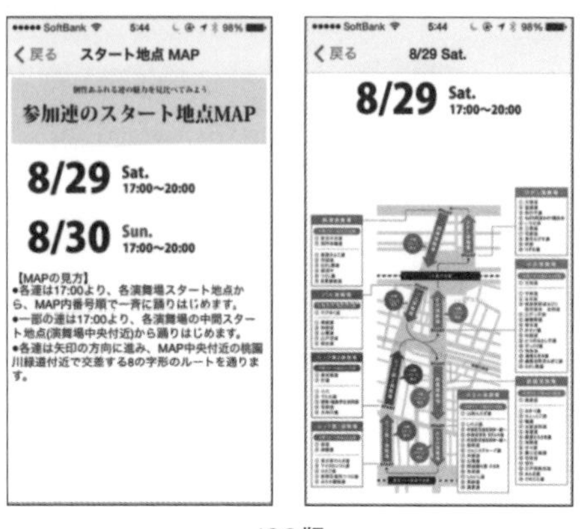

iOS版

Android版

○図9-7　連 追跡（すべての連を追跡）

iOS版　　　　　　Android版

※この画像は開発中のものなので、連が3つしか表示されていません。

○図9-8　このアプリについて

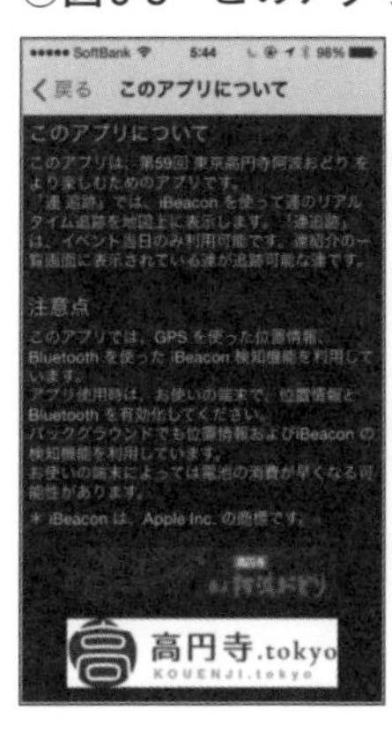

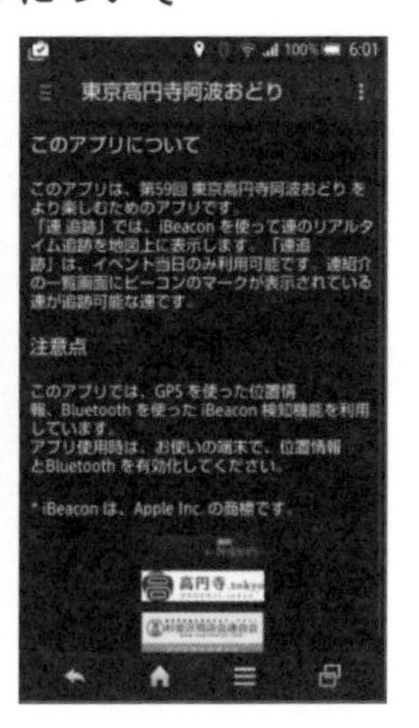

iOS　　　　　　Android

このアプリを起動すると、GPSによる位置情報の取得とビーコンの領域観測を開始します。ビーコン領域に入ったことが通知されると距離の測定を開始します。

距離の測定結果が通知されると、受け取った配列の中から、一番近いビーコンの識別子が連に割り当てられたビーコンの識別子であるかをチェックし、連に割り当てたビーコンと判断ができた場合にサーバのAPIを呼び出して、識別子と現在の位置情報を送信します。

iBeaconの距離測定は約1秒間隔で通知されます。アプリから1秒間隔でサーバのAPIを呼び出してしまうと、サーバに負荷がかかり過ぎることが予想できます。システム開発の段階では、東京高円寺阿波おどりの期間中に、何人の利用者がアプリを利用してくれるかは未知数でしたが、アプリからサーバのAPI呼び出しが集中しないよう工夫をする必要がありました。そこで、このアプリでは、乱数を使ってAPIを呼び出す間隔（60～119秒）を調整しています。

9.5 サーバの役割

「東京高円寺阿波おどり」アプリのサーバはクラウド上の仮想サーバにWebシステムとして構築し、3種類のREST APIを用意しました。実際には、APIだけでなく管理機能を実装していますが、ここでは割愛します。

ログの登録API

ログの登録APIが呼び出されると、サーバ側のデータベースにパラメータで指定した情報と現在時刻がログとして記録されます（**表9-1**）。

連を指定した位置情報の取得API

連を指定した位置情報の取得APIが呼び出されると、サーバ側のデータベースに記録されたログの中から、UUID、major、minorが一致した最新のレコードのみを抽出してJSON形式で応答します（**表9-2**）。

連ごとにUUID、Major、Minorを割り当てているので、指定した連の最新の緯度経度情報を取得できます。

○表9-1　SetBeaconLogのパラメータ

パラメータ	説明
event_id	高円寺阿波おどりを意味する固定値
uuid	iBeaconのUUID
major	iBeaconのmajor
minor	iBeaconのminor
distance	iBeacon距離検出時のproximity値（Immediate/Near/Far/Unknown)
latitude	端末のGPSで取得した緯度
longitude	端末のGPSで取得した経度
os	iOSまたはAndroid

○表9-2　GetBeaconByUuidのパラメータ

パラメータ	説明
uuid	iBeaconのUUID
major	iBeaconのmajor
minor	iBeaconのminor

すべての連の位置情報の取得API

すべての連の位置情報の取得APIが呼び出されると、サーバ側のデータベースに記録されたログの中から、高円寺阿波おどりで登録されたUUID、major、minorごとに最新のレコードのみを抽出してJSON形式で応答します（**表9-3**）。

サーバのAPIとアプリの機能の対応は、**図7-8**のとおりです。

ここまでに説明したように、この実証実験では、アプリもサーバも非常にシンプルな機能で構成しています。

9.6 実証実験の結果

東京高円寺阿波おどりの前夜祭とも言える「ふれおどり」が行われた8月28日（金）から、阿波おどりの本番である29日、30日の3日間、実証実験を行いました。

筆者も含めた開発スタッフは、演舞場近くでシステムを監視しながら、さまざまな評価を行っていました。今回の実証実験では、阿波おどりの約1週間前の8月22日に公開したにも関わらず、iOS版とAndroid版で計3,211端末でダウンロードされました（**表9-4**）。

○表9-3　GetBeaconByEventIdのパラメータ

パラメータ	説明
event_id	高円寺阿波おどりを意味する固定値

○図9-9　サーバのAPIとアプリの対応

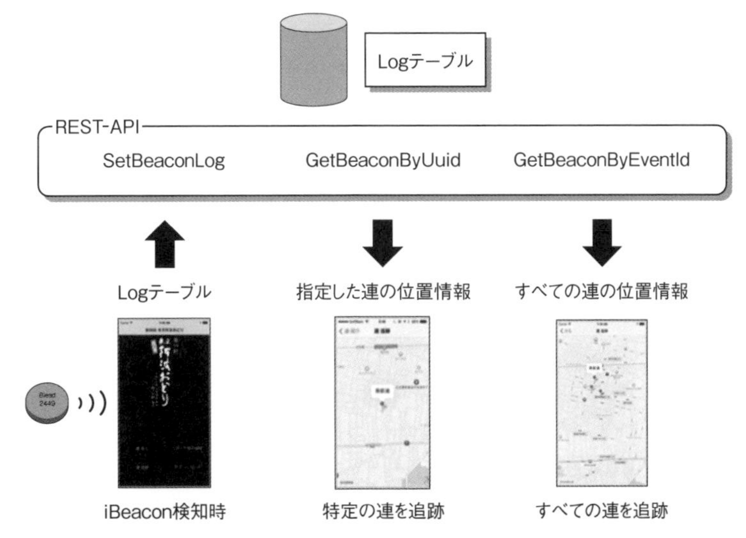

○表9-4　アプリダウンロード数

種別	ダウンロード数
iOS（iPhone/iPad）	2,420
Android	791
合計	3,211

実証実験の結果を観点ごとに説明します。

連を追跡できるか

連に取り付けた移動するiBeaconデバイスを、アプリをインストールしたユーザ端末で検出した際の位置情報をサーバに集積することで、連を追跡できました。仮説のとおり、「見る阿呆（観覧者）」の持つスマートフォンを使って、「踊る阿呆（踊り手）」を追跡することに成功しました。

◆ 特定の連を追跡

演舞場の中で、連の提灯が目に入るくらいの距離に近づいてくると、iBeaconデバイスを検出します。検出すると画面中央にiBeconデバイスに対応する連の名前が表示されます（**図9-10**の左画面）。この表示をタップするか、連紹介の一覧画面から該当の連を選択すると、連の紹介画面（図9-10の中央）が表示されます（紹介画面の下部には、取得した位置情報と位置情報の更新時間が表示されています）。

連の紹介画面から「連 追跡」ボタンをタップすると、地図が表示されます（図9-10の右画面）。地図上には1つだけ、ピン（マーカー）が表示され、このピンには、近づいてくる連の名前が表示されていることが確認できました。

○図9-10　特定の連を追跡

◆ すべての連を追跡

ホーム画面のメニューから「連 追跡」をタップすると地図が表示されます。この地図上には、すべての連の現在位置を示すピン（マーカー）が表示されます。

図9-11の左画像は、スタート地点MAPです。矢印の8箇所が演舞場として指定されている場所です。連は演舞場を移動しながら踊ります。

8月29日の19:59の時点（図9-11の中央）、8月30日の17:29の時点（図9-11の右）とスタート地点MAPを見比べると、連の位置を示すピン（マーカー）が、ほぼ演舞場沿いに表示されていることがわかります。

測位時間の調整によって負荷を分散させる

今回の実証実験では、ログの送信を60～119秒間隔になるようにしてサーバへの負荷を分散させました。アプリ使用者数は、ふれおどりを含めた3日間で、延べ1,934人でした。

ログを確認したところ、ピーク時の数分間は0.2秒間隔でログが登録されていることが確認できました。これは、観覧者が多く、演舞場が接近しているため連も集中する「JR高円寺駅」の周辺で見られた現象です。

ログの送信間隔を長くするなどの対応も考えられますが、当日のTwitterなどでは、「タイムラグがあり、連が通り過ぎてから位置が更新された」などの意見も書き込まれていました。

このことから、アプリ利用者が増えた場合を想定すると、ログの送信間隔の調整も含めて、さらなる工夫が必要です。

アクセスが集中した際のサーバ負荷に問題はないか

阿波おどりの開催時間（17～20時）の前後を含めて、サーバの負荷（CPU／ディスク／ネットワークなど）を計測しました。

○図9-11　すべての連を追跡

スタート地点MAP（8/29）

本番（8/29）の全体表示

本番（8/30）の全体表示

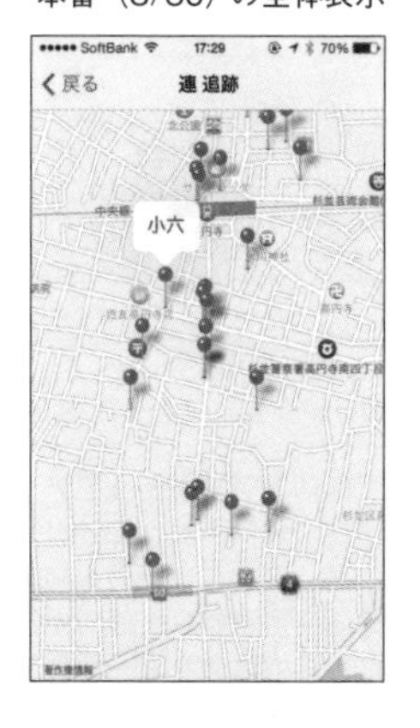

図9-12は、8月29日のサーバCPUの負荷をグラフ化したものです。ピーク時（19時過ぎ）のCPUへの負荷が、高い状態になっていたかがわかります。

今回の実証実験では、1台の仮想サーバ上に、ログの登録API、位置情報の取得APIを用意しました。サーバの負荷を分散するためにはAPIごとに仮想サーバを用意すること、ネットワークの負荷分散の仕組みを導入する必要があります。

ビッグデータを分析することで、イベントに対してフィードバックできるか

今回の実証実験では、金曜日から日曜日までの3日間で、1万6,000件を超えるログ情報が登録され、連追跡のAPIも合計で約14万回呼び出されました。

表9-5からわかるように、ユーザ数と位置情報の登録回数、追跡数（APIが呼び出された回数でもあります）は、比例しています。

○図9-12　サーバCPUの負荷グラフ

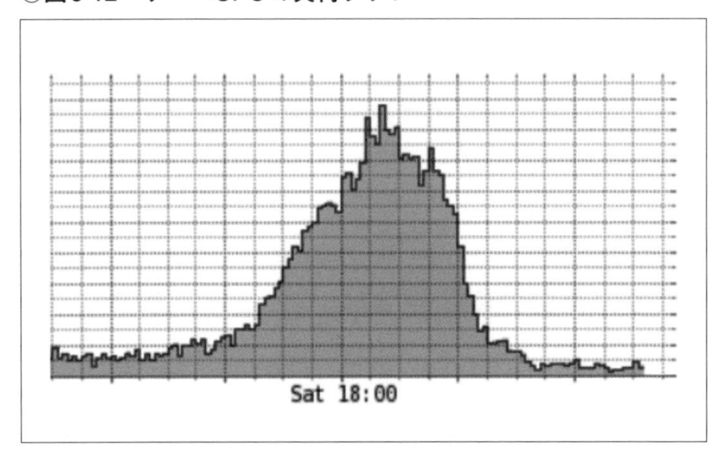

○表9-5　ユーザ数やアクセス回数などの実績

項目	8/28	8/29	8/30	合計
ユーザ数	315	901	708	1,934
位置情報の登録回数	2,438	7,878	6,005	16,321
特定の連ー追跡数	7,432	38,998	33,358	79,788
(平均)	23	43	47	
全体地図ー追跡数	5,965	32,398	25,684	64,047
(平均)	18	35	36	

※ユーザ数はアプリを使ってアクセスした端末の数（iOS/Androidの合計）
※位置情報の登録回数はiBeaconデバイスを検知し、位置情報がサーバに送られた回数
※特定の連ー追跡数は連の詳細画面から「連 追跡」が押された回数
※全体地図ー追跡数は全体の地図表示が行われた回数
※（平均）は追跡数をユーザ数で割った数

2015年の東京高円寺阿波おどりは、新聞などの発表によると約90万人が訪れたので、アプリ利用者の率は0.2%未満です。利用者は少ないですが、位置情報を含めたログ、アクセス回数などを含めたさまざまな視点で可視化・分析することで、「東京高円寺阿波おどり」というイベントに対してフィードバックできる可能性が見い出せました

その一例が**表9-6**です。表9-6は、連の紹介画面から「連 追跡」のボタンが押されたときに呼び出される「連を指定した位置情報の取得API」の呼び出し回数を、連ごとに集計したものです。この回数は、ユーザが追跡した連（追いかけようとした連）とも解釈でき、アプリ利用者の中で人気のある連のランキングということになります。

連のスタート位置を決める際に、このランキングを考慮して、人気のある連同士が近づきすぎないように調整することができます。

連追跡という機能の必要性／実用性の検討

今回、ふれおどりが行われた金曜日から日曜日までの3日間、スタッフTシャツを着て演舞場の周辺を歩いていると、何組かの観客から「○○連がどこにいるかわかる？」や「△△連って、もう通った？」などと聞かれました。また、アプリを使って計測をしているときにも、興味を持ったから声をかけられたりもしました。さらに、当日のTwitterや某掲示板などでも、このアプリのおかげで連に追いつけたというような書き込みもありました。

「お目当ての連がどこにいるのか知りたい」というニーズに対して、ビーコンを使った連追跡機能で、答えを出せたのではないかと考えています。

今回の実証実験システムでも、ある程度までは、実用性があると考えられます。しかし、本格的な実用化に向けては、位置情報の精度の工夫、タイムラグへの対処、サーバの負荷分散など、システム的な課題も解決していく必要があります。

Part1 基本編
Part2 実装編
Part3 活用編
Part4 実用編
Appendix

○表9-6　特定の連の追跡が行われた回数ランキング

順位	8/29	8/30
1	東京天水連（3,962）	東京天水連（3,692）
2	天翔連（2,883）	ひょっとこ連（2,350）
3	東京新のんき連（2,651）	東京新のんき連（2,098）
4	江戸歌舞伎連（2,251）	志留波阿連（2,091）
5	志留波阿連（1,909）	写楽連（1,708）
6	花道連（1,850）	江戸っ子連（1,674）
7	朱雀連（1,672）	しのぶ連（1,589）
8	写楽連（1,661）	天翔連（1,434）
9	江戸っ子連（1,641）	葵新連（1,403）
10	飛鳥連（1,623）	舞蝶連（1,363）

阿波おどりというイベントに対して、必要な機能の洗い出し

スタッフTシャツを着て演舞場の周辺にいたとき、観客から「トイレ」に関して、何度も聞かれました（当日は、小雨が降っており、気温が低かったことも影響しているかもしれません）。

阿波おどりが開催されている間は、周辺も含めて交通規制をしており、歩行者も一方通行でしか動けなくなっています。既存の道案内サービスでは、この交通規制や一方通行に対応するのは困難です。そのため、専用アプリの中で、公衆トイレや仮設トイレを案内する仕組みを実装していきたいと考えています。

9.7 オープンデータ化とログの可視化

この実証実験では、1万6,000件を超えるログ情報を収集しました。「東京高円寺阿波おどり」という3日間のイベントで、連に割り当てたiBeaconデバイスの識別情報と位置情報（緯度経度）を記録したものなので、広く活用してもらうことを期待して、オープンデータ化することしました（個人を特定できるような情報は含まれていません）。

オープンデータ化に際して、第6章で紹介したCartoDBを使用しています。日付ごとに分割した3つのデータセットとして、次のURLで公開しています。

https://ichi-eggs-hiro.cartodb.com/datasets

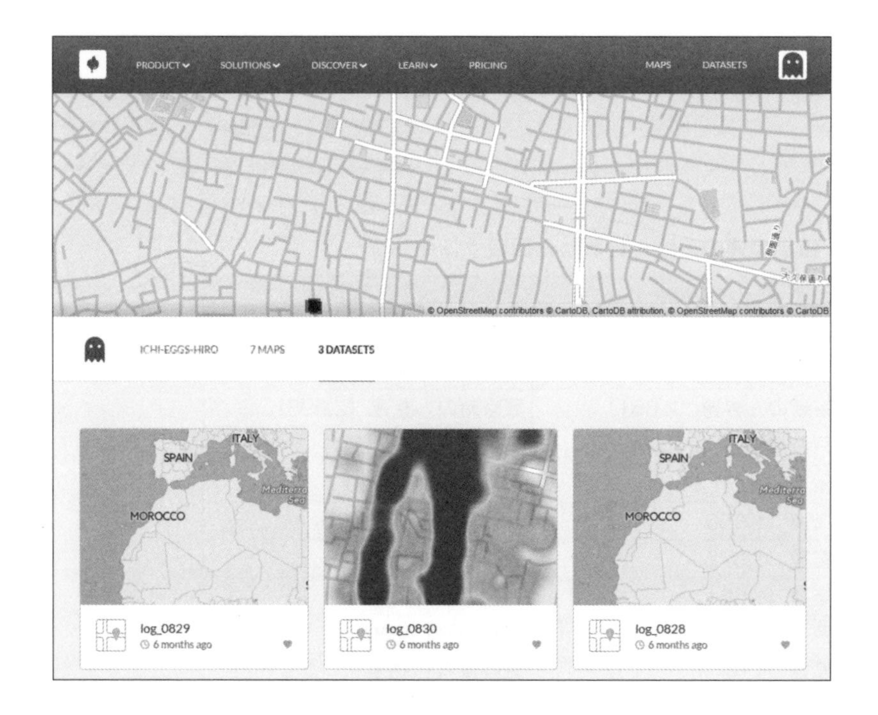

PRODUCT
SOLUTIONS
DISCOVER
LEARN
PRICING
MAPS
DATASETS
青梅街道
03:18
© OpenStreetMap contributors © CartoDB, CartoDB attribution, © OpenStreetMap contributors © CartoDB
ICHI-EGGS-HIRO
MAPS
EDIT IN CARTODB

PRODUCT
SOLUTIONS
DISCOVER
LEARN
PRICING
MAPS
DATASETS
高円寺北
青梅街道
03:35
© OpenStreetMap contributors © CartoDB, CartoDB attribution, © OpenStreetMap contributors © CartoDB
ICHI-EGGS-HIRO
MAPS
EDIT IN CARTODB

データセット名は、次のとおりです。

- log_0828：ふれおどり（8/28）のログデータ
- log_0829：本番（8/29）のログデータ
- log_0830：本番（8/30）のログデータ

また、これらのデータを使い、地図データとして可視化したものも公開しています（2016年4月時点で、7パターンの可視化データを公開しています）。公開している地図データは、次のURLからアクセスできます。

https://ichi-eggs-hiro.cartodb.com/maps

可視化した地図をいくつか紹介します。

HEATMAP表示

図9-13は、ログデータをHEATMAP形式で可視化したものです。時系列によるアニメーションが先ほどのURLから確認できます。

HEATMAP形式は登録数が多い場所ほど、濃い赤色で表示されるので、混雑している場所ほど赤くなっています。図9-13は、合計を表示しているので、演舞場周辺が真っ赤になっています。これを時系列でアニメーションすると、ある傾向が見えてきます。

○図9-13　HEATMAP形式

8/28

8/29

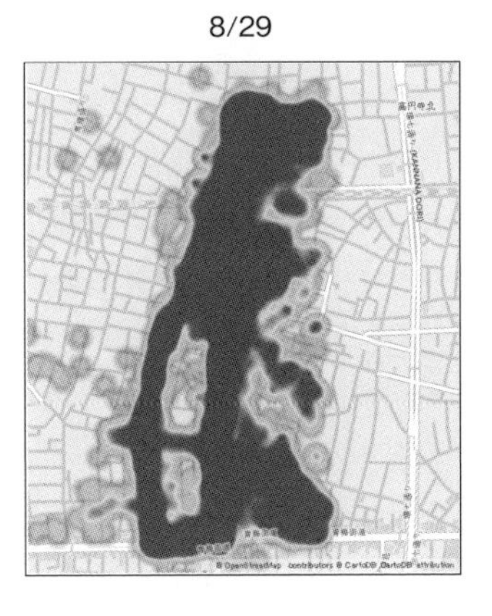

8/30

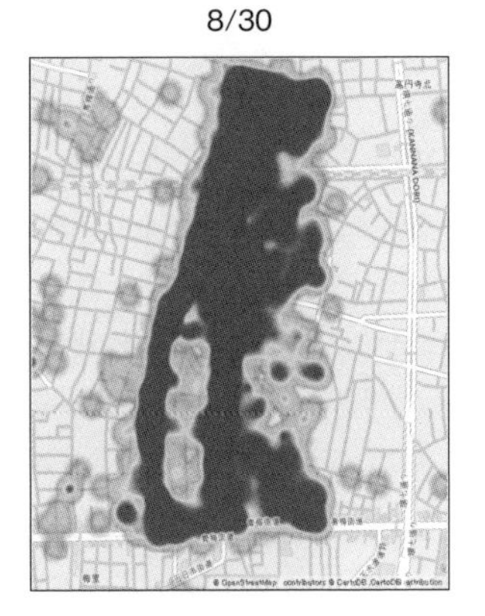

HEATMAP分析

図9-14の上側が8月29日、下側が8月30日のHEATMAPです。時間はどちらも19時過ぎくらいです。注目すべきは点線の枠を付けた部分です。この部分の斜めになっている場所は、高円寺パル商店街です。この商店街にはアーケード（屋根）が付いています。8月30日（日曜日）は、小雨交じりの空模様でした。そのため、このパル商店街付近が他よりも混雑していたことが、データにも表れています。

○**図9-14　HEATMAP分析**

8/29

8/30

軌跡分析

図9-15は、1つのビーコン識別子に絞り込んで地図データ化したもので、時系列でアニメーションします。この地図では、「東京天水連」という連が、移動した軌跡を知ることができます（点が表示されていない箇所は、アプリ利用者がいなかった場所であると考えられます）。

このように、ログデータをさまざまな角度から分析することで、これまで体感的にはわかっていたことが、データとしても証明することができるようになります。

もう少し多くのデータが集まるようになれば、警備員の配置計画、交通規制や一方通行などの計画、案内テント、仮設トイレの設置計画の見直しなど、イベント計画へのフィードバッグも可能になると考えています。

○図9-15　8月29日の「東京天水連」の軌跡

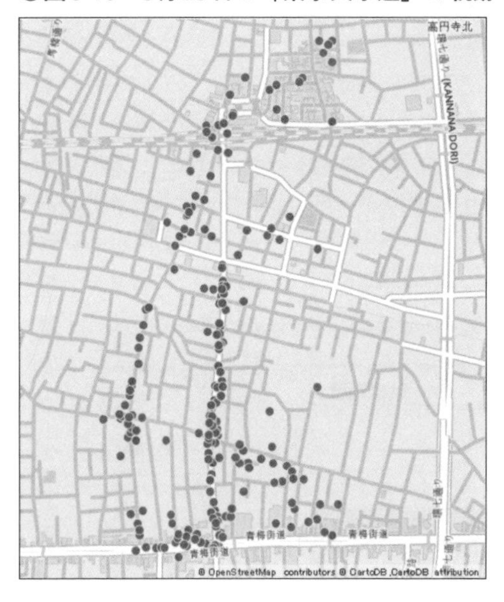

9.8 課題

今回の実証実験の結果や、必要な機能の洗い出しなどを通じていくつかの課題も明確になりました。ここでは課題のいくつかを紹介します。

連協会以外の連の扱い

2015年の実証実験では、高円寺阿波おどり連協会に所属する連にだけiBeaconデバイスを割り当てました。この阿波おどりに参加する連の総数は約150連です。

連協会に所属していない連を追いかけている観客のためにも、できるだけ多くの連を追跡できるようにしたいと考えています。しかし、150個ものiBeaconデバイスを割り当ててしまった場合は、地図を表示した際にすべての連の位置を表示するのは現実的ではありません。そのため、全体地図の扱い方も含めて検討していく必要があります。

多言語対応

今回の実証実験の期間中、外国からの旅行客を多く見かけました。こういった人たちに向けて、アプリ内で多言語による情報提供が必要であると感じています。そのためには、コンテンツの多言語化なども含めて検討していく必要があります。

案内テント、公衆トイレなどの案内

公衆トイレや仮設トイレの案内機能は必要不可欠です。さらには、コンビニ、駅、バス停などの当日の交通規制や一方通行に対応した案内地図も必要でしょう。特に、当日は、高円寺に初めて来る人も少なくありません。こういった人たちに向けた地図サービスを検討していく必要があります。

9.9 おわりに

2015年の夏には「徳島阿波おどり」でも、ビーコンを使った取り組みが行われました。徳島と高円寺という遠く離れた2つの地域で「踊る阿呆を追いかけたい」という共通のニーズがあり、そのニーズに対して、アプローチ方法などに違いはありますが、偶然にもビーコンを活用して取り組んだというのは、おもしろい出来事であったと感じています。

Part4 実用編

第10章 まちビーコンで共同利用

ビーコンアプリはビーコンデバイスがないと意味がありません。では、ビーコンデバイスをどのように普及させていくのがよいのでしょうか。本章では、筆者が所属する「まちビーコン協議会」の「まちビーコン構想」について説明します。

10.1 はじめに

まちビーコン協議会[注1]（正式名称：まちなかBeacon普及協議会）は、ビーコンに関連する事業を行っている事業者や地域の有志が集まって設立した団体です。

まちビーコン協議会では、ビーコンの普及を促進するために、「まちビーコン」という仕組みを提唱しています。本章では、この「まちビーコン」について説明します。

10.2 まちビーコン構想

ビーコンが注目されていますが、実証実験レベルを越えて普及を加速させるためには、数多くのサービスでビーコンを簡単に活用できる仕組みを構築する必要があります。

ビーコンを活用したサービスを提供する事業者に共通の課題として、

- ビーコンデバイスの設置がなかなか進まない
- 複数の事業体がそれぞれ自分のサービス用のビーコンデバイスを設置している
- サーバサイドのシステム構築が必要
- ビーコンデバイスの識別子（UUID/Major/Minor）の管理
- ログの収集

などが挙げられます。これらを解決するために、まちビーコン協議会では「まちビーコン構想」を提唱しています。

これは、まちビーコンの枠組みの中に各事業体のビーコンを組み込むことによって、

- ビーコンの共同利活用
- 安心・安全分野で活用
- ログの画一化によるビッグデータ化

など実現を目指しています（図10-1、図10-2）。

10.3 まちビーコンの構成

まちビーコンは、ビーコンデバイスのメタデータを集約、管理するためのクラウドサービスです。メタデータを集約して管理することでさまざまな課題を解決でき、各種サービス事業者はビーコンを使用したサービスを簡単に構築できるようになります。

まちビーコンのサービスは米Amazon社の仮想クラウドサーバ「Amazon EC2」上に構築

注1　まちなかBeacon普及協議会の詳細は、Appendix 2（215ページ）を参照ください。

○図10-1　ビーコンの共同利用

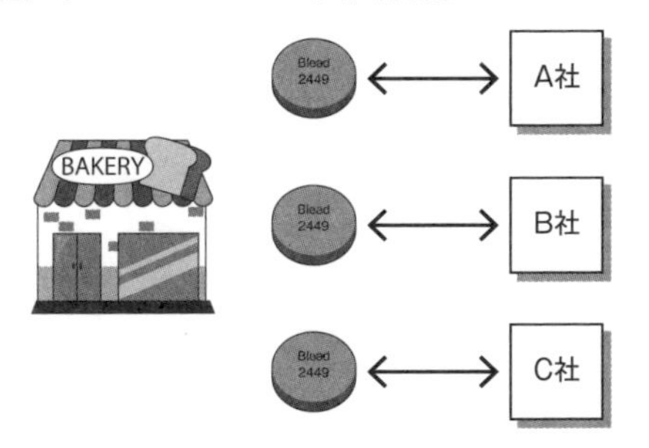

個別にビーコンを配賦するのではなく…

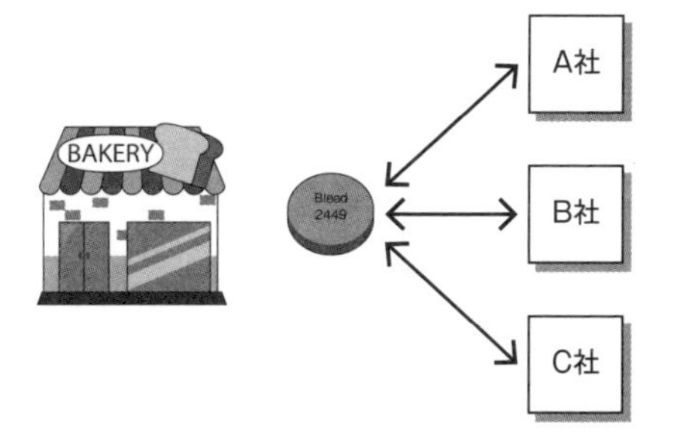

店舗の所有物であるビーコンを利用する

○図10-2　安心・安全分野で活用

・街歩きアプリ
・観光アプリ
・グルメ検索アプリ
・その他…

日常のアプリ使用時

緊急時

・Beaconを使ったクーポン
・リアルタイム情報
・交通機関の運行情報
・地図へのAED表示
など

・AEDの検索
・災害情報の通知
・防災マップ表示等
・交通機関の運行情報
・所在確認
・高齢者、子供の見守り等
など

されています。また、ビーコンデータを格納するためのデータベースには、同じくAmazon社のNoSQLデータベースサービス「DynamoDB」を採用しています（**図10-3**）。

- Amazon EC2
  https://aws.amazon.com/jp/ec2/
- Amazon DynamoDB
  https://aws.amazon.com/jp/dynamodb/

Amazon EC2とDynamoDBを採用するメリットは、

- サービスの利用量の増加に応じて性能や容量をスケールすることができる（高効率）

○図10-3　まちビーコンの構成

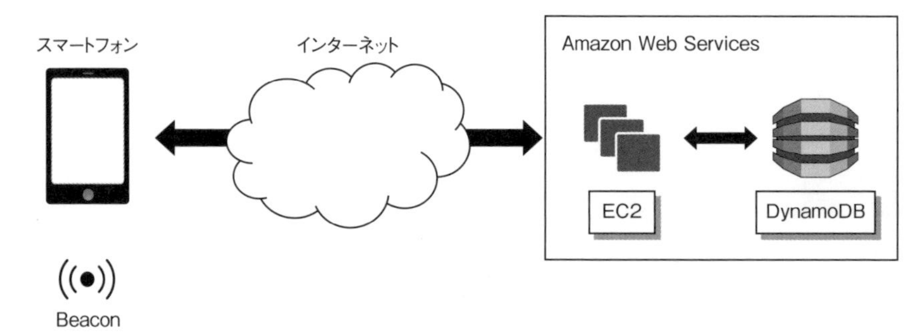

- データベースの管理をAmazonが行うため管理コストが削減できる（低コスト）
- 複数のデータセンターにデータが自動的に複製される（高信頼性）

などが挙げられます。クラウドサービスの利用は、まちビーコンのような共同利用を前提とするサービスに適していると言えます。

10.4 データ構造

まちビーコンを構成する主要なデータは「Beacons」「Members」「Logs」の3種類で構成されます。

リスト10-1から**10-3**はそれぞれのデータをJSON形式で表現した例です。DynamoDB上ではKey Value Store（KVS）形式で格納されることになります。

○リスト10-1　Beacons

```
{
  "uuid": "74BC2CE8-444F-4D2B-85ED-XXXXXXXXXXXX",————❶
  "major_minor": "9999#1",————❷
  "created": "2014-07-16T06:59:41+09:00",
  "owner": "jp.smartlinks",
  "group_names": "matsuri_koenji_awaodori#olympic_2020",————❸
  "information": {————❹
    "type": "iBeacon",
    "uuid": "74BC2CE8-444F-4D2B-85ED-XXXXXXXXXXXX",
    "major": "9999",
    "minor": "1"
  },
  "profile": {————❺
    "valid": true,
    "name": "高円寺010",
    "kind": "fixed",————❻
    "range": "private",————❼
    "owner": "jp.smartlinks",————❽
    "apikey": "xxxxxxxxxxxxxxxxxxxxxxxxxxxxxxxx",————❾
    "created": "2014-07-16T06:59:41+09:00",
                                                              ↗
```

○リスト 10-1　Beacons（続き）

```
    "modified": "2014-07-17T11:23:41+09:00",
    "deleted": "2015-07-04T13:32:25+09:00",
    "groups": [ ―――――❿
      {
        "name": "matsuri_koenji_awaodori",
        "description": "高円寺阿波おどり",
        "url": "http://xxxxxx/" ―――――⓫
        "content": "xxxxxxxx"
      },
      {
        "name": "olympic_2020",
        "description": "東京オリンピック2020",
        "url": "http://xxxxxx/"
      }
    ],
    "geolocation": { ―――――⓬
      "latitude": "35.542383",
      "longitude": "139.718896",
      "geohex": "XM48824876255", ―――――⓭
      "country": "jp",
      "address": "神奈川県横浜市青葉区○○1−2−3",
      "floor": "4F", ―――――⓮
      "geonames": "神奈川県横浜市青葉区" ―――――⓯
    },
  },
}
```

❶UUID
❷Major と Minor を「#」で連結したもの
❸1 つのビーコンに対して複数定義可能なグループの名称を「#」で連結したもの。ビーコンのグループ名を検索するために使用
❹ビーコン固有情報
❺ビーコンプロファイル情報
❻固定ビーコンか移動ビーコンかを区別
❼共同利用ビーコンか専有ビーコンかを区別
❽ビーコンの所有者
❾まちビーコン会員を識別するキー
❿ビーコンの用途を定義
⓫ビーコンに利用グループ毎に異なる URL を割り当て可能
⓬ビーコンの位置情報
⓭緯度経度より GeoHex コード（http://geogames.net/geohex/v3）に変換して格納
⓮階数などの高度情報
⓯GeoNames（http://geonames.jp）の URI

○リスト 10-2　Members

```
{
  "apikey": "xxxxxxxxxxxxxxxxxxxxxxxxxxxxxxxx", ―――――❶
  "created": "2014-07-16T06:59:41+09:00",
  "modified": "2014-07-16T06:59:41+09:00",
  "valid": true,
  "code": "00000000",
  "name": "スマートリンクス株式会社",
  "owner": "jp.smartlinks"
}
```

❶まちビーコン会員を識別するキー

○リスト 10-3　Logs

```
{
  "beacon_id": "74BC2CE8-444F-4D2B-85ED-XXXXXXXXXXXX#9999#1", ――❶
  "created": "2014-07-16T06:59:41+09:00",
  "type": "iBeacon",
  "uuid": "74BC2CE8-444F-4D2B-85ED-XXXXXXXXXXXX",
  "major": "9999",
  "minor": "1",
  "kind": "fixed",
  "range": "private",
  "owner": "jp.smartlinks",
  "holder": "xxxxxxxxxxxxxxxxxxxxxxxxxxxxxxxx", ――❷
  "version": "v1",
  "trigger": "getbeacons", ――❸
  "method": "get",
  "issuer": "xxxxxxxxxxxxxxxxxxxxxxxxxxxxxxxx", ――❹
  "result": "success",
  "service": "*.olympic_2020",
  "os": "ios",
  "proximity": "immediate",
  "gender": "male",
  "birthday": "1980-12-01",
  "language": "ja",
  "country": "jp",
  "latitude": "35.542383",
  "longitude": "139.718896",
  "geohex": "XM48824876255",
    :
    : ――❺
}
```

❶UUID、Major、Minor を '#' で連結したもの
❷そのビーコンを所有するまちビーコン会員識別キー
❸ログの収集トリガを示す
❹そのビーコンを利用したまちビーコン会員識別キー
❺その他独自のログ項目を追加可能

10.5 機能

まちビーコンのサービスは次の機能を持っています。

ビーコンのライフサイクル管理

ビーコンのライフサイクル管理は必要不可欠です。これらを適切に管理することで、ビーコンを適切に管理・運用できます。

- CREATED　：ビーコンの設置（出荷）日付
- MODIFIED　：ビーコンの属性が変更された日付
- DELETED　：ビーコンの情報削除日付

正引き・逆引き

さまざまなアプリケーションでの活用シーンを考慮し、ビーコンの情報に対する「正引き」

「逆引き」の機能は必要不可欠です。正引き（**図10-4**）はサービス名を問い合わせると、そのサービスに該当するビーコンのUUIDを返し、逆引き（**図10-5**）はUUID/Major/Minorを問い合わせると、そのビーコンのプロファイル情報を返します。

公開・非公開

ビーコンに公開範囲（公開・非公開）の属性を持たせることで、共有ビーコンや専有ビーコンも同様に管理できるため、ビーコンの活用の幅が広がります。

グループ化

ビーコンを論理的にグループ化できるようにすることで単一のビーコンに複数の機能を持たせられます。

ログの一元化

まちビーコンに登録されたビーコンに対するアクションについて統一的にログを収集します。複数のビーコン、複数の事業者、複数のサービスに関するログが蓄積されることでビッグデータとしてのデータの解析利用が可能になります。

非常事態対応

非常事態が発生した際には、まちビーコンサーバ側で位置情報が一致するビーコンに災害情報を付加します。これにより、まちビーコンを利用するアプリやサービスは、非常時に災害情報を発信できます。

10.6 活用シーン

まちビーコンを活用することで次のようなシステムやサービスをすばやく構築できます。

○図10-4　正引き

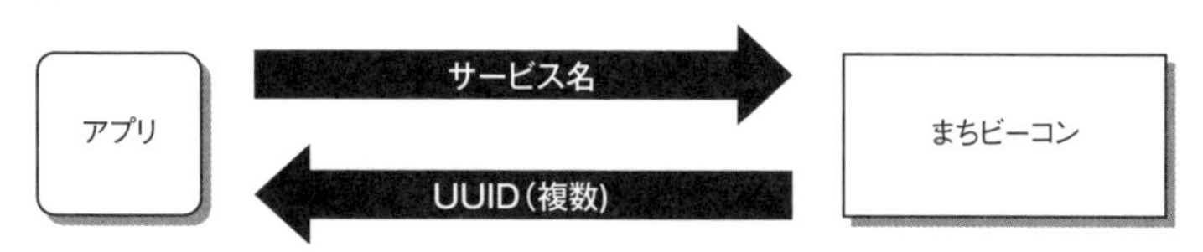

○図10-5　逆引き

ビーコンを利用したアプリ（サーバレス）

利用するビーコンをまちビーコンに登録することで、ビーコンの管理とログ収集をまちビーコンにまかせることができます（**図10-6**）。アプリケーションは自前のサーバを持たずに、まちビーコンとAPIでやり取りするだけで動作可能となります。

ビーコンを利用したサービス

サーバ機能を必要とする利用者管理などのサービスであっても、ビーコンの管理に関する部分はまちビーコンとAPIでやり取りすることができます（**図10-7**）。これにより、システム構成をシンプルにすることができ、サービスのすばやいリリースが可能です。

10.7 おわりに

2016年4月現在、「まちビーコン」は試験運用に向けての準備を進めています。「まちビーコン」構想に興味を持たれた方は、「まちビーコン協議会」にお問い合わせください。

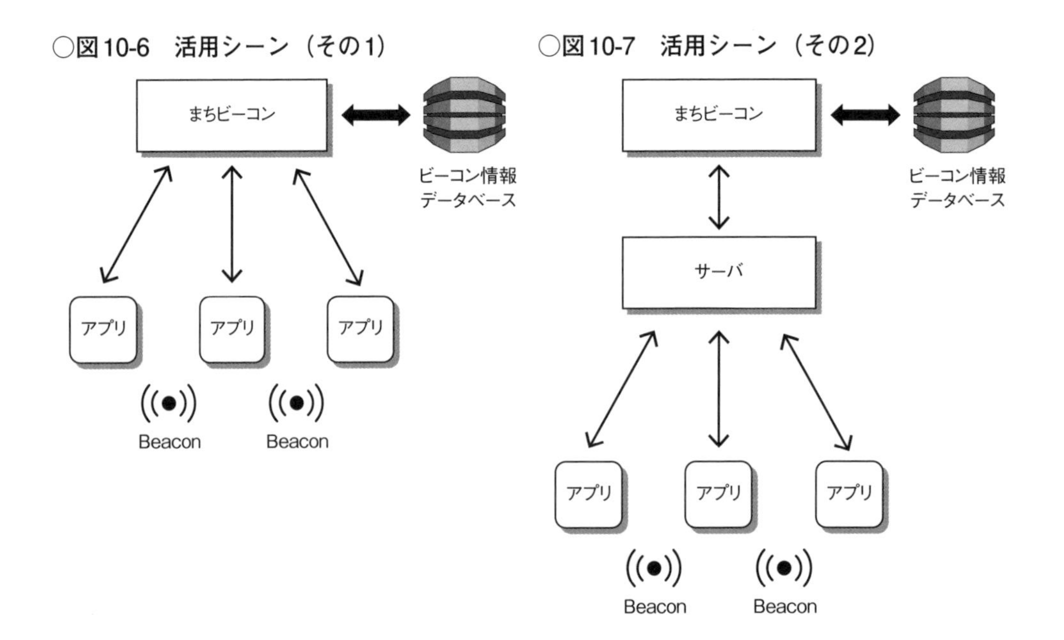

○図10-6　活用シーン（その1）

○図10-7　活用シーン（その2）

Part4 実用編

第11章
オープンデータとの連携

私たちの生活の中で、ビーコンアプリを活用するために「オープンデータ」との連携を考えてみます。本章では「AEDオープンデータプラットフォーム」とビーコンアプリを連携した際に、どのようなデータがやり取りされるかなどを紹介します。

11.1 はじめに

ビーコンを使って位置情報を取得できたときに、その位置情報に関連する多用なデータが整備できていれば、システムやサービスの質や魅力を向上させられるでしょう。しかし、現実的には、独自に、多用なデータを整備することは、労力やコストの面からも困難です。

本章では、ビーコンを活用したシステムやサービスにおけるデータの整備に、オープンデータを活用・連携する際のヒントやアイデアを紹介します。また、オープンデータではありませんが「Lアラート」についても簡単に紹介します。

11.2 オープンデータとは

近年、公共データの活用促進として、「オープンデータ」が活発化しています。政府や地方自治体はもちろんのこと、大学などの研究機関や民間でも「オープンデータ」に関して、さまざまな取り組みが進められています。

Open Knowledge Foundationの「Open Data Handbook[注1]」では、Open Definitionの定義に従うものをオープンデータとしており、次のように定義しています。

> *オープンデータとは、自由に使えて再利用もでき、かつ誰でも再配布できるようなデータのことだ。従うべき決まりは、せいぜい「作者のクレジットを残す」あるいは「同じ条件で配布する」程度である。*

また、「Open Definition[注2]」の説明を要約すると、次のようになります。

- *利用できる、そしてアクセスできるデータ全体を丸ごと使えないといけないし、再作成に必要以上のコストがかかってはいけない。望ましいのは、インターネット経由でダウンロードできるようにすることだ。また、データは使いやすく変更可能な形式で存在しなければならない。*
- *再利用と再配布ができるデータを提供するにあたって、再利用や再配布を許可しなければならない。また、他のデータセットと組み合わせて使うことも許可しなければならない。*
- *誰でも使える 誰もが利用、再利用、再配布をできなければならない。データの使い道、人種、所属団体などによる差別をしてはいけない。たとえば「非営利目的での利用に限る」などという制限をすると商用での利用を制限してしまうし「教育目的での利用に限る」などの制限も許されない。*

注1　日本語訳：http://opendatahandbook.org/ja/what-is-open-data/
注2　http://opendefinition.org/od/

また、総務省ホームページの「オープンデータ戦略の推進[注3]」では「オープンデータとは」の説明として次のように書かれています。

> *政府において、オープンデータとは、「機械判読に適したデータ形式で、二次利用が可能な利用ルールで公開されたデータ」であり「人手を多くかけずにデータの二次利用を可能とするもの」のことを言います。*

これらの定義や説明から、オープンデータは政府や自治体、民間などが作成したデータであり、インターネットなどを通じて入手可能、二次利用が可能なデータであると言えます。

オープンデータの中には、地理空間情報に関するものが多く公開されています。これらは、地理・空間に関連づけされたデータであり、いわゆる位置情報が記録されたデータです。

ビーコンを活用したシステムやサービスは、位置情報を扱うシステムやサービスであるため、位置情報が記録された地理空間情報などのオープンデータとの親和性は高いと言えます。

11.3 AEDオープンデータプラットフォーム

ＡＥＤ（エーイーディー）（自動体外式除細動器）は、心室細動になった心臓に対して、電気ショックを与え、正常な状態に戻すための装置です。

公益財団法人日本心臓財団によると、一般市民が使用できる公共施設などのAEDは、全国で51万6,135台（平成26年までの累積）が販売されています[注4]。

○図11-1　AEDオープンデータプラットフォーム
(http://hatsunejournal.azurewebsites.net/w8/AEDOpendata/)

注3　http://www.soumu.go.jp/menu_seisaku/ictseisaku/ictriyou/opendata/
注4　公益財団法人日本心臓財団のAEDの普及情報ページ：http://www.jhf.or.jp/aed/spread.html

近年、地方自治体などでは、AEDの位置情報をオープンデータとして公開し始めています。しかし、自治体ごとにファイル形式、データとして公開されている情報の違いがあり、システムやアプリ開発者からすると、扱いやすいデータとは言えないのが現状です。

このような課題を解決するための取り組みの1つが、AEDオープンデータプラットフォーム（**図11-1**）です。

AEDオープンデータプラットフォームは、現在進行形でデータ整備が行われているので、2016年4月の時点で、全国のすべての自治体のAEDの設置場所が格納されているわけではありません。登録状況は、図11-1の「登録状況」やhttp://idea.linkdata.org/idea/idea1s444iから確認できます。

このプラットフォームでは、次のAPIが用意されています。

- 登録済国コード取得API
- 国コード指定都道府県一覧取得API
- 市町村区単位での登録件数API
- 都道府県単位でのAED位置情報取得API
- 市町村区単位でのAED位置情報取得API
- 周辺AED位置情報取得API
- 直近AED位置情報取得API
- AED位置情報取得API

AED位置情報のJSON形式のデータは**表11-1**のとおりです。

○表 11-1　AED 位置情報（JSON 形式）

項目	説明
Id	ID
LocationName	場所_地名（名称）
Perfecture	構造化住所_都道府県
City	構造化住所_市区町村
AddressArea	構造化住所_町名
Latitude	緯度経度座標系_緯度
Longitude	緯度経度座標系_経度
FacilityId	公共設備_ID
FacilityName	公共設備_名称
FacilityPlace	公共設備_設置場所（設置場所）※受付横など
ScheduleDayType	公共設備_利用可能時間（利用可能時間）
ScheduleDayStartTime	（将来的に構造変更予定）開始時間
ScheduleDayEndTime	（将来的に構造変更予定）終了時間
AccessAvailabilityOfPad	公共設備_建物内外（建物内外）
FacilityUser	公共設備_利用者（利用制限）
FacilityNote	公共設備_補足（補足）
DayOfInstallation	公共設備_設置日
PhotoOfAedUrl	公共設備_写真 URL（写真）
Url	公共設備_ホームページ（ホームページ）
FacilityOwner	公共設備_設置者（設置者）
FacilityOperater	公共設備_管理者
ContactPoint	公共設備_連絡先（連絡先）
ContactTelephone	連絡先_電話番号
ContactExtension	連絡先_内線番号
TypeOfPad	AED_パッド種類
ExpiryDate	AED_有効期限
ExpiryDateOfPads	AED_パッド有効期限
ExpiryDateOfBatteries	AED_バッテリ有効期限
TypeOfDefibrillator	AED_タイプ
ModelNumber	AED_モデルナンバー
SerialNumber	AED_シリアルナンバー
Source	メタデータ_情報源
DateOfUpdatingInformation	更新日時

例えば北緯35.96、東経136.185の半径300m以内のAED位置情報がほしいときは周辺AED位置情報取得APIを次のように呼び出します。

https://aed.azure-mobile.net/api/AEDSearch?lat=35.96&lng=136.185&r=300

このAPI呼び出しの結果として、次のように2つのAED位置情報を取得することができます。


```
[{"DIST":222,"Id":182,"LocationName":"丹南健康福祉センター","Perfecture":"福井県","City":"鯖江市","AddressArea":"水落町1-2-25","Latitude":35.959898,"Longitude":136.182538,"FacilityId":null,"FacilityName":"丹南健康福祉センター","FacilityPlace":null,"ScheduleDayType":null,"ScheduleDayStartTime":null,"ScheduleDayEndTime":null,"AccessAvailabilityOfPad":null,"FacilityUser":null,"PhotoOfAedUrl":null,"Url":null,"FacilityOwner":null,"FacilityOperater":null,"ContactPoint":null,"ContactTelephone":null,"ContactExtension":null,"FacilityNote":null,"TypeOfPad":null,"ExpiryDate":null,"ExpiryDateOfPads":null,"ExpiryDateOfBatteries":null,"TypeOfDefibrillator":null,"ModelNumber":null,"SerialNumber":null,"Source":"鯖江オープンデータ","VenueId":null,"DateOfUpdatingInformation":"2015-05-30T07:20:35.250Z"},
```

```
{"DIST":263,"Id":216,"LocationName":"鯖江市文化の館","Perfecture":"福井県","City":"鯖江市","AddressArea":"水落町2丁目25-28","Latitude":35.962007,"Longitude":136.186555,"FacilityId":null,"FacilityName":"鯖江市文化の館","FacilityPlace":null,"ScheduleDayType":null,"ScheduleDayStartTime":null,"ScheduleDayEndTime":null,"AccessAvailabilityOfPad":null,"FacilityUser":null,"PhotoOfAedUrl":null,"Url":null,"FacilityOwner":null,"FacilityOperater":null,"ContactPoint":null,"ContactTelephone":null,"ContactExtension":null,"FacilityNote":null,"TypeOfPad":null,"ExpiryDate":null,"ExpiryDateOfPads":null,"ExpiryDateOfBatteries":null,"TypeOfDefibrillator":null,"ModelNumber":null,"SerialNumber":null,"Source":"鯖江オープンデータ","VenueId":null,"DateOfUpdatingInformation":"2015-05-30T07:20:35.250Z"}]
```


先ほどのAPIでは、位置情報として緯度経度を指定していますが、市町村区単位でのAED位置情報取得APIでは、次のように都道府県名や市町村区名を指定して、AEDの一覧を取得することができます。

https://aed.azure-mobile.net/api/aedinfo/福井県/鯖江市/

iBeacon対応アプリの多くは位置情報を扱うので、現在の位置情報（住所や緯度経度など）を取得できます。

この位置情報を使って、上記APIを呼び出すことにより、端末の周辺にあるAEDの位置情報の一覧を取得できます。例えば、観光案内のアプリや街歩きのためのアプリにおいて、地図を表示した画面や、観光スポットやお店の一覧のリストにAEDの位置を表示できるようになります。

ここでは、オープンデータとして、「AEDオープンデータプラットフォーム」を紹介しましたが、政府、地方自治体、民間で、さまざまな地理空間情報に関連したオープンデータが公開されています。

例えば、公共施設、避難所の場所、ハザードマップなどをiBeacon対応のアプリから使用することで、アプリに新しい価値を付加することができます。

11.4 Lアラート

Lアラートは、一般財団法人マルチメディア振興センター注5が運用する、災害などの安心・安全に関わる情報を迅速かつ効率的に伝達することを目的とした情報流通のための基盤です。

- Lアラート
  http://www.fmmc.or.jp/commons/

Lアラートは、「情報発信者（中央官庁、地方公共団体、ライフライン事業者、交通関連事業者など）」の持つ、地域住民の安心・安全に関わる公共性の高い情報を、地域住民に対して正しく、迅速に提供するための社会インフラです。「情報発信者」は、災害などの発生時に、Lアラートのコモンズネットワークに対して災害情報、被害状況などを送信します。これを、「情報伝達者（放送事業者、携帯電話事業者、ポータルサイト事業者、新聞社など）」が取得し、「情報伝達者」が管理するメディアを通じて、地域住民に対して災害情報を発信します。

なお、「情報伝達者」が取得する災害情報などは、システムが可読可能なXML形式のデータです。XMLフォーマットの仕様書は、次のWebページから入手することができます。

http://www.fmmc.or.jp/commons/download/index.html

2016年4月の時点では、Lアラートへの避難情報の発信は、35都道府県が運用中であり、12都道府県が準備中・試験中です。情報伝達者になるには、いくつかの条件をクリアしなければなりません。興味のある方は、上記のURLからお問い合わせください。

ビーコンを活用したシステムの可能性の1つとして、防災・減災のための仕組みを追加することが可能になります。自分の住んでいる地域の防災アプリなどをスマートフォンにインストールしている方も少なくないと思いますが、災害が発生したときに自分の住んでいる地域にいるとは限りません。自分の住んでいる地域であれば土地勘もあるので、避難所なども把握できますが、外出先で災害にあった場合には、避難所の場所を知らないケースがほとんどではないでしょうか。

ビーコンを活用したシステムは、利用者の位置情報を把握しているはずです。利用者がア

注5　http://www.fmmc.or.jp/

プリを使用後に移動したとしても、最後に検知したビーコンの位置情報を記録として残しておけば、利用者がどこにいたのかを把握できます。この位置情報を活用して、Ｌアラートからの災害情報や避難情報を利用者に届けることができれば、防災・減災のために役立てられることができます。

11.5 多言語化へのアイデア

ビーコンを活用したシステムで、オープンデータやＬアラートのデータを利用した場合の課題として「多言語対応」が挙げられます。独自に整備したデータを使って、多言語対応のアプリを開発するのであれば、データを事前に翻訳しておくことも不可能ではありません。

本章で紹介したAEDオープンデータプラットフォームのようなオープンデータの多くは、日本語のデータのみが格納されています。AEDの位置情報のように、リアルタイムで更新される可能性が低いデータであれば、事前にデータを入手して、翻訳しておくという方法も考えられます。しかし、Ｌアラートの災害情報や避難情報など、リアルタイム性が重要なデータの場合、事前に翻訳することは不可能です。人手を介して、翻訳した情報を発信するという手段もあるかもしれませんが、複数の言語に対応するのは、現実的ではありません。

この課題に対するアイデアとしては、次のようなものがあります。

日本語のまま情報を提供する

外国人の利用者であっても、周りに日本人がいる、もしくは日本語を読める人がいるという可能性もあります。

防災情報のように、緊急性の高い情報の場合、「危険が迫っている」ことや、周りの日本人に読んでもらうようなメッセージのみ多言語化し、情報は日本語のまま提供するのも1つの方法です。

自動翻訳のソリューションを活用する

取得した災害情報の中に含まれるメッセージなどの日本語で記述された情報を、インターネット上の自動翻訳サービスなどを使い、利用者の言語に合わせて提供することが可能です。ただし、インターネットに接続できていることが条件となるため、接続できない場合も考慮する必要があるでしょう。

重要な単語のみ、翻訳できるような辞書を用意し、アプリ内で簡易的に翻訳する

Ｌアラートの防災情報の中には、防災情報の分野を区別するための情報なども含まれます。また、メッセージの中に、「台風」「地震」「避難」などの災害に関わるキーワードも含まれるでしょう。アプリ内に、これらのキーワードに対応した辞書データを用意しておけば、外国人利用者に危険を知らせることができます。

◆◆◆

オープンデータなど外部のデータを使用する際に、多言語対応を諦めるのではなく、何らかの方法や手段によって解決することができるでしょう。

11.6 おわりに

本章では、ビーコンを活用したシステムやサービスから、オープンデータを活用するヒントやアイデアを説明しました。

日本政府や地方自治体が「オープンデータ」を推進していますが、これらのデータを位置情報と組み合わせることで、新たな価値や魅力を生み出すことが可能です。

また、Lアラートのような緊急性の高い情報も、位置情報と組み合わせて利用することで、利用者に対して危険を知らせる手段として活用できます。

ビーコンを活用したシステムやサービスは、まだ創世記の段階にあると言えます。ビーコンは位置情報を活用する仕組みとしてだけなく、社会のインフラとしても活用できる技術の1つになる可能性を秘めた技術だと思っています。

Appendix

Appendix 1 体験アプリ「Beacon入門」の入手方法と使い方

ここでは、本書付属の体験アプリ「Beacon入門」の入手方法から使い方までを解説します。画面中心に説明するので、どのようなことができるのか、イメージできるでしょう。

A1.1 はじめに

ここでは、本書のサンプルアプリである「Beacon入門」アプリの入手方法と使い方について説明します。

A1.2 「Beacon入門」アプリとは

「Beacon入門」アプリ（以下、本アプリ）は、iBeacon対応アプリの基本的な機能である「領域観測」と「距離の測定」の動作を手軽に体験できるアプリです。

この2つの機能は、iOSの位置情報サービスが提供するiBeaconデバイスを検知、識別します。本アプリでは、ビーコンの動作が理解できるようにiBeaconを検知・識別した結果を、そのまま画面に表示しています。また、応用例の1つとして、GPSからの位置情報取得機能を組み合わせて地図上に表示できるようにしています。

本アプリを使うと、iBeaconデバイスに近づくと、どのようなタイミングでiBeaconデバイスを検知できるのか、また検知できなくなるのか、識別はどのような精度で行われるのかを実際に体験できます。

また、本アプリは、iOS版だけでなく、Android版も提供しています。Androidでは、iBeaconを正式にサポートしているわけではないため、AltBeaconライブラリを使用して、iOSと同じようにiBeaconデバイスを検知・識別させています。両方のアプリを見比べることで、iOS、Androidでの違いも体験できます。

本アプリで使用しているソースコードは第4章と第5章で説明しています。iBeacon対応アプリの実装方法として参考にしてください。

> <免責事項>
> 本アプリは、iBeacon対応アプリの基礎となる「領域観測」、「距離の測定」という2つの機能の動作を手軽に体験できるよう開発したアプリです。iBeaconデバイスに対する動作を完全に保証するものではありません。また、本アプリを使用したことによって生じたあらゆる損害等について、技術評論社並びにスマートリンクス社、筆者はいかなる責任を負いませんことをご了承いただいたうえでご利用ください。

A1.3 アプリの動作環境

iOS版

本アプリは、iOS 8.0以降のiPhone/iPad/iPod に対応しています。使用できる機種は次のとおりです。

- iPhone 4S以降
- iPad 第3世代以降（2012年3月以降のモデル）
- iPod Touch 第5世代以降（2012年10月以降のモデル）

Android版

本アプリは、Android 4.3以降に対応しています。使用できる機種は、BLE、GPS対応のAndroid端末です。お使いの機種がBLE、GPSに対応しているかどうかは、メーカーのWebサイトなどで確認してください。

A1.4 iBeaconデバイスについて

本アプリを使って「領域観測」と「距離の測定」を体験するには、iBeaconデバイスが必要です。iBeaconデバイスの入手が難しい場合は、iPhone/iPad/iPod Touch、またはMacをiBeaconデバイスとして代用することもできます。

本アプリの動作環境は、次の3通りの組み合わせで使用できます（図A-1）。

iBeaconデバイスを使用する場合

本アプリで使用するiBeaconデバイスには、UUIDとして次の数値を設定してください。

```
48534442-4C45-4144-80C0-1800FFFFFFFF
```

Major値とMinor値は任意の値で使用できます（設定方法は入手したiBeaconでバスのマニュアルなどを参考にしてください）。

入手したiBeaconデバイスのUUIDを変更できない場合は、本アプリ側で監視対象としている「UUID」を変更してください（後述）。

iPhone/iPad/iPod Touchを使ってiBeaconデバイスを代用する場合

本アプリのiOS版で提供している「ビーコン発信」機能を使用すると、iBeaconデバイスとして代用できます。

Macを使ってiBeaconデバイスを代用する場合

BLEに対応しているMacをiBeaconデバイスとして代用できます。この方法は、第4章（79ページ）を参照してください。

○図 A-1 「Beacon 入門」アプリを動作させる組み合わせ

(1) iBeaconデバイスを使用する場合

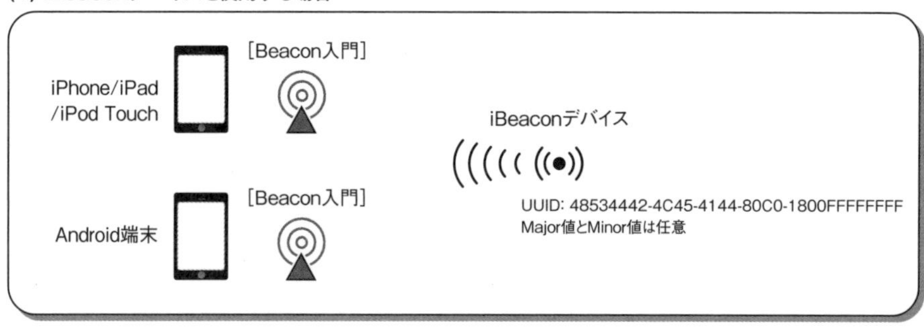

(2) iPhone/iPad/iPod Touchを使って iBeaconデバイス を代用する場合

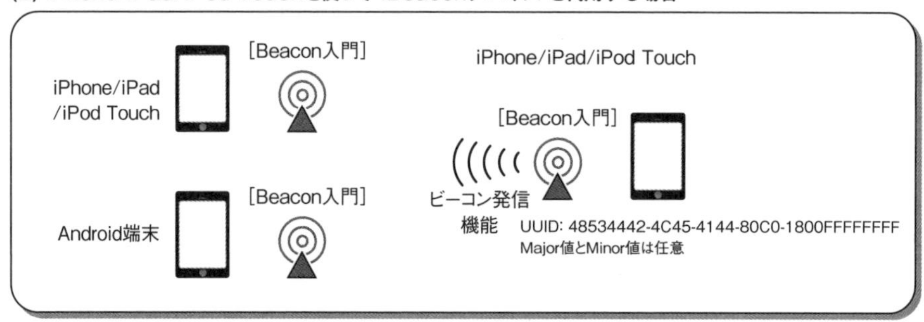

(3)Macを使ってiBeaconデバイスを代用する場合

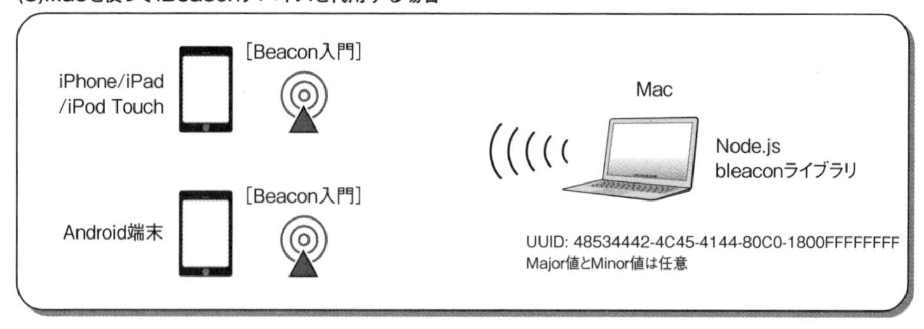

A1.5 アプリの入手方法と準備

本アプリは、iOS版とAndroid版を、それぞれ「App Store」と「Google Play」にて無料公開しています。App StoreまたはGoogle Playで、「Beacon入門」または「ビーコン入門」で検索してインストールしてください。本アプリのアイコンは**図A-2**です。類似のアプリもあるのでご注意ください。

また、スマートリンクス社のアプリ説明ページの「入手方法」の項目から、App StoreまたはGoogle Playのアプリダウンロードページにリンクしています。

- 本アプリの説明サイト
  http://smartlinks.jp/beacontutorial/

○図 A-2 「Beacon 入門」アプリのアイコン

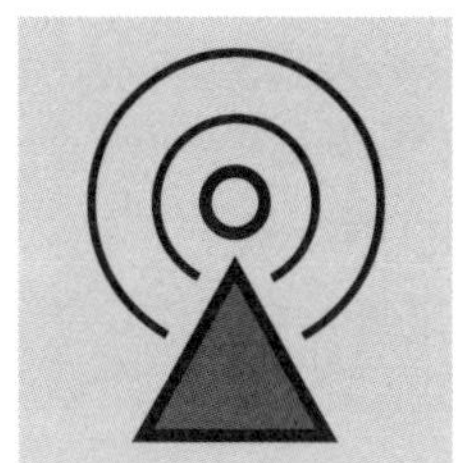

なお、本アプリは、iOS 8.0以降、Android 4.3以降を対象としています。対象でない端末の場合は、インストールできません（検索時やダウンロード時に表示されない場合もあります）。

アプリを使用するための準備

本アプリは、動作させる端末のBluetooth機能と位置情報サービス機能を使用するので、それぞれ有効にしてください。

A1.6 アプリの使い方

本アプリの使用方法や機能を画面に沿って説明します。なお、端末の画面サイズや解像度によって表示が異なる場合があります。

ホーム（メニュー）

本アプリのホーム画面（**図 A-3**）は、各機能を呼び出すためのメニュー画面になっています。表示されているボタンをタップすると、それぞれの機能の画面に遷移します。ホーム画面が表示されている間は、iBeaconデバイスの監視やGPSによる位置測位は行っていません。

設定

ホーム画面から「設定」をタップすると、設定画面（**図 A-4**）が表示されます。設定画面では、各機能で使用する監視対象のUUID/Major/Minorの値を変更することができます。

○図 A-3 ホーム画面

iOS版

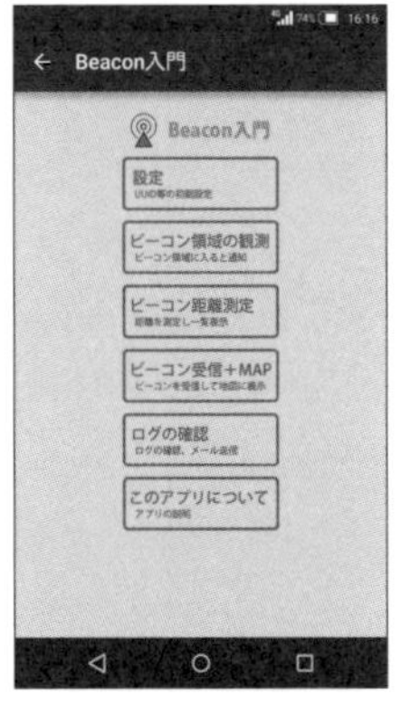

Android版

○図 A-4 設定画面

iOS版

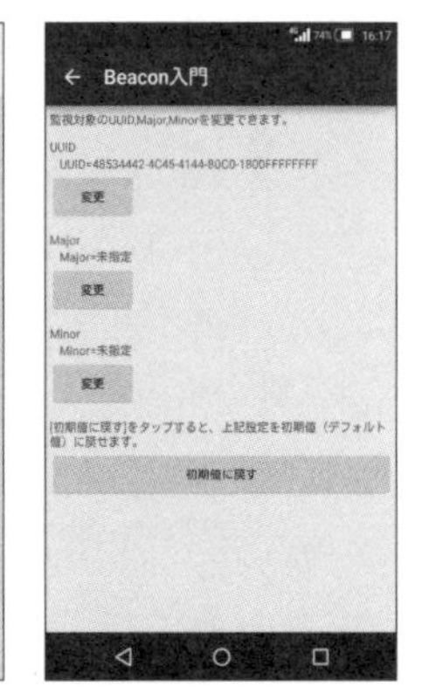

Android版

UUID/Major/Minorの「変更」ボタンをタップすると、それぞれの入力画面が表示されます。また、最下部の「初期値に戻す」ボタンをタップすると、変更したUUID/Major/Minorの値を破棄して、初期の状態になります。

◆ UUID

設定画面で、UUIDの「変更」ボタンをタップすると、監視UUIDの設定画面（**図A-5**）が表示されます。

画面の最上部（❶）には、入力されているUUIDが表示されています。UUIDを変更する場合は、5つの入力領域（❷）の値を変更してください。UUIDの値として入力できるのは、「0～9とA, B, C, D, E, F」です。その他の文字は入力できません（小文字の「a, b, c, d, e, f」も入力できます）。各入力領域の横に桁数を表示しており、桁数が違うと入力エラーとなります。

各入力領域に入力ができ、UUIDに間違いがないことが確認できたら、「設定」ボタン（❸）をタップしてください。入力したUUIDがアプリに反映されます。「設定」ボタンを押さずに、この画面を閉じてしまうと反映されません。

また、「初期値に戻す」ボタン（❹）をタップすると、初期値のUUIDに戻せます（iOS版の画面では隠れていますが、スクロールするとボタンが表示されます）。

> ＜注意＞
> iBeaconデバイスの監視は、UUIDによって識別しています。UUIDが一致しないiBeaconデバイスは監視されないので、ご注意ください。

UUIDの設定が終われば設定画面に戻ってください（iOSの場合は画面左上、Android の場合は画面下部の「戻る」）。

○図A-5　UUIDの設定

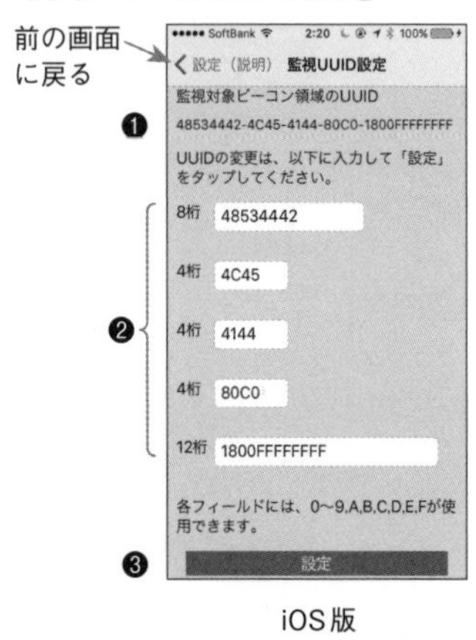

iOS版

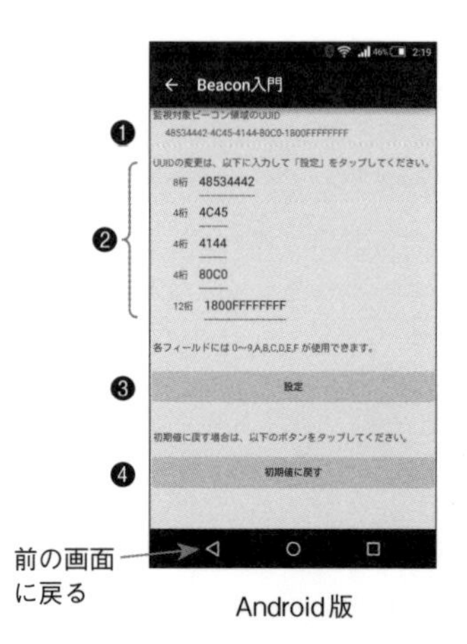

Android版

本アプリでは監視条件として、MajorとMinorの値を指定できます。初期値は「未指定」です。

◆ Major

設定画面でMajorの「変更」ボタンをタップすると、Majorの変更画面（**図A-6**と**図A-7**）が開きます。

Majorを指定しない場合は、「未指定」を選択してください。「Major値を指定する」を選択すると、Majorが入力できるようになります。ここには、0～65535の範囲の数値を入力してください。「設定」ボタンをタップするとアプリに反映されます。

◆ Minor

設定画面でMinorの「変更」ボタンをタップすると、Minorの変更画面（**図A-8**と**図A-9**）が開きます。

○図A-6　Majorの設定（iOS版）

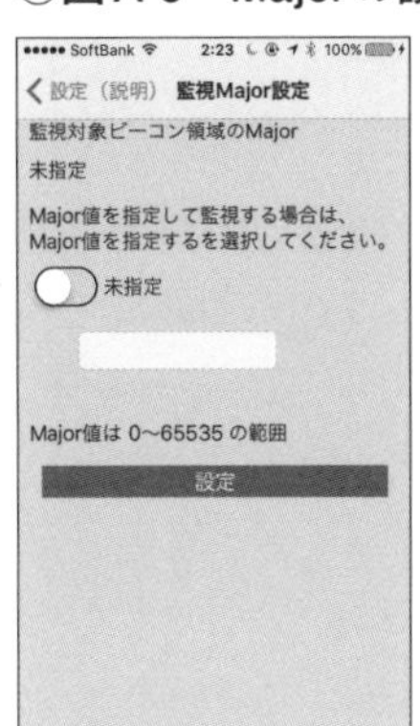

Majorを指定しない場合

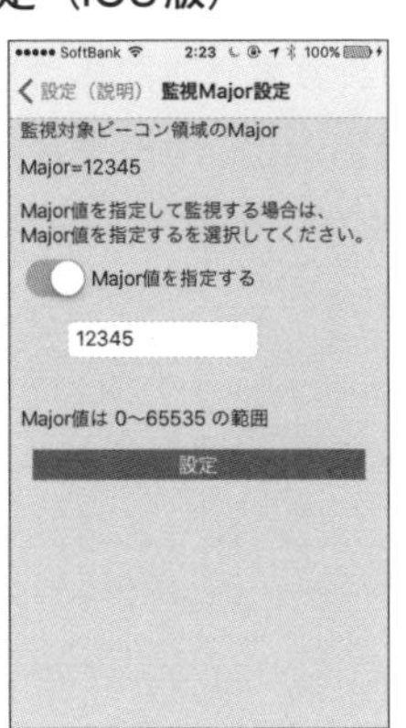

Majorを指定する場合

○図A-7　Majorの設定（Android版）

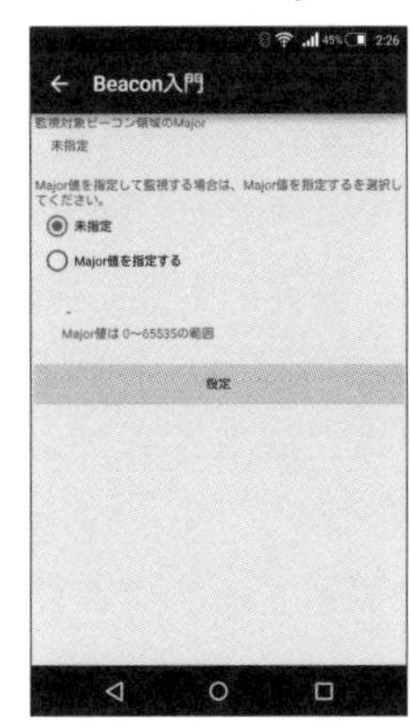

Majorを指定しない場合

Majorを指定する場合

○図A-8　Minorの設定（iOS版）

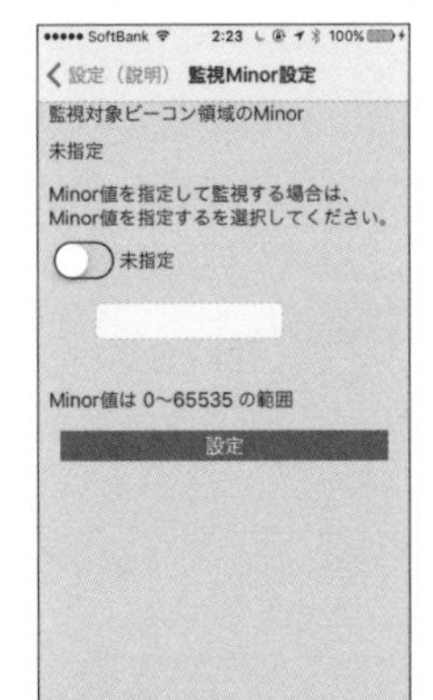

Minorを指定しない場合

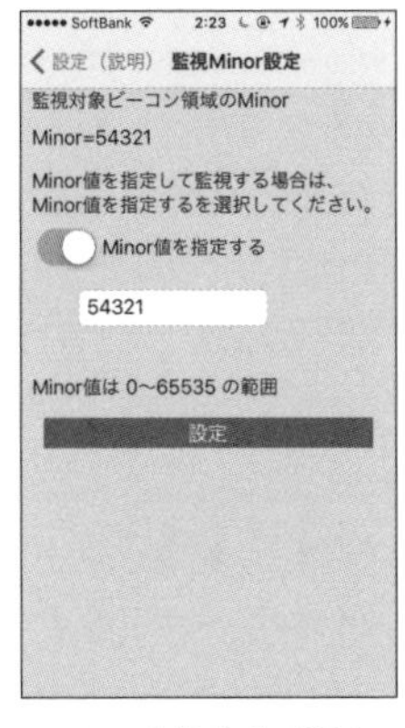

Minorを指定する場合

○図A-9　Minorの設定（Android版）

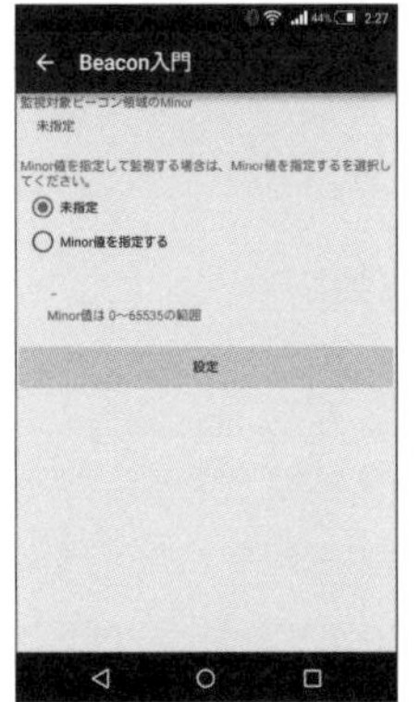

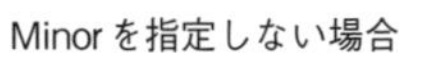

Minorを指定しない場合

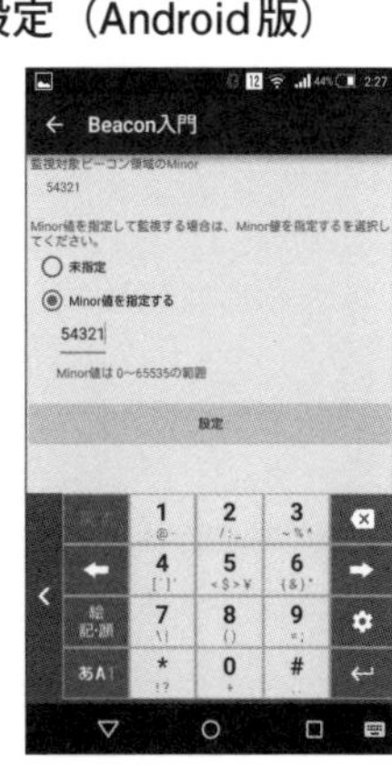

Minorを指定する場合

Minorを指定しない場合は、「未指定」を選択してください。「Minor値を指定する」を選択すると、Minorが入力できるようになります。Majorと同様に0 ~ 65535の範囲の数値を入力してください。「設定」をタップするとアプリに反映されます。

> ＜注意＞
> iOS版でMinorを指定する場合は、Majorも指定してください。Android版では、Minorだけを指定することも可能です。

UUID、Major、Minorを変更すると、設定結果として画面（**図A-10**）に反映されます。設定に間違いがないことを確認してください。設定画面で、「初期値に戻す」ボタンをタップすると、変更がすべて破棄され、初期値のUUID、MajorとMinorは「未指定」に戻ります。

ビーコン領域の観測

ホーム画面から「ビーコン領域の観測」をタップすると、ビーコン領域の観測（説明）画面（**図A-11**）が表示されます。観測対象のビーコン領域（初期値ではUUIDのみ指定）にスマートフォンが入るとき、または外れたときに通知が表示されます。

「実行」ボタンをタップすると、観測を開始します。観測が始まると観測中の画面（**図A-12**）が表示されます。画面の上部に現在の状態があり、STATUSには、「Outside」（ビーコン領域の外）、「Inside」（ビーコン領域内）、「Unknown」（不明）のいずれかになります。UUID、Major、Minorは、観測対象のビーコン領域の情報が表示されます。

iBeaconデバイスに近づき、ビーコン領域に入る（ビーコン信号が受信できたとき）とダイアログ（**図A-13**）が表示され、STATUSの表示も「Inside」に変化します。

iBeaconから離れ、ビーコン領域の外に出て（ビーコン信号が受信できなくなる）しばらく待つと（約10秒程度）、ダイアログ（**図A-14**）が表示されSTATUSの表示も「Outside」

○図A-10　設定結果

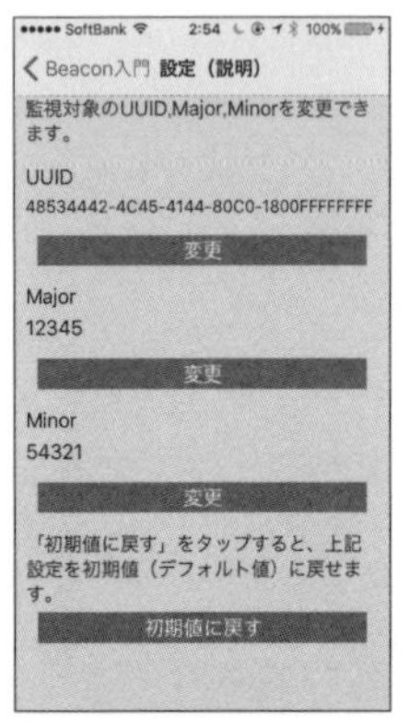

iOS版

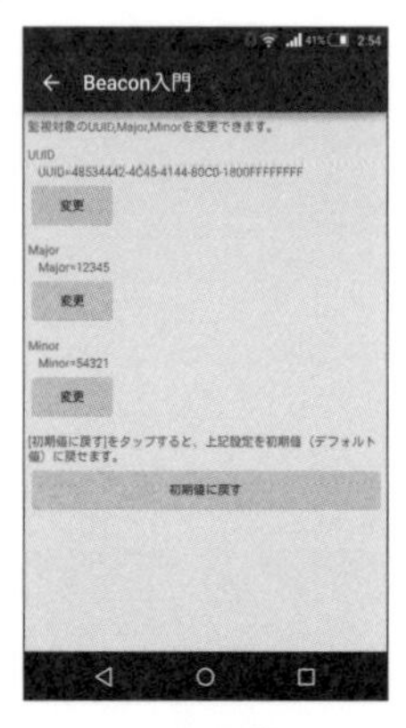

Android版

○図A-11　ビーコン領域の観測画面

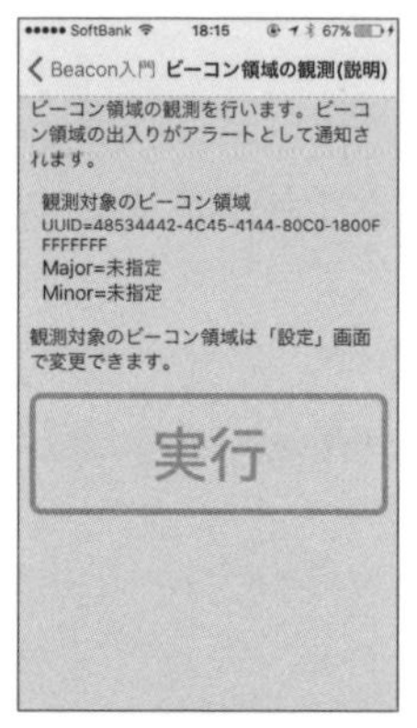

iOS版

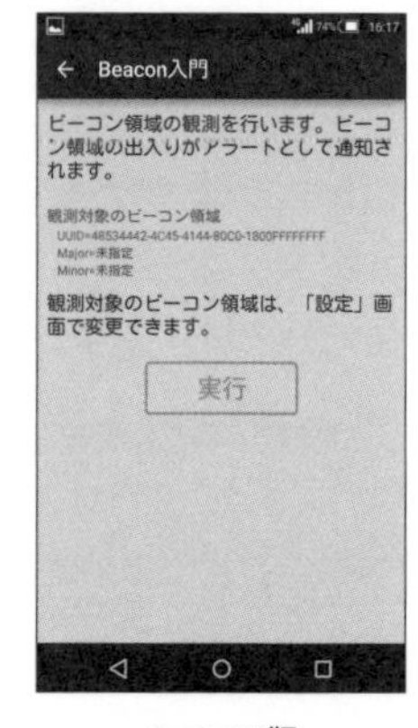

Android版

に変化します。

この機能を使用すると、iBeaconデバイスからの信号が届いている範囲を体験できます。なお、ビーコン領域内にいる状態で観測を開始すると、図A-13のダイアログは表示されずにSTATUSが「Inside」に変化します。これも領域観測機能の特徴の1つですので、確認してみてください。

ビーコン距離測定

ホーム画面から「ビーコン距離測定」をタップすると、ビーコン距離測定（説明）画面（**図A-15**）が表示され、ビーコン領域内のビーコンデバイスまでの距離を測定できます。観測対象のビーコン領域に入ると自動的に距離の測定を開始し、ビーコン領域内で測定できた結果を一覧表示します。

「実行」ボタンをタップすると観測を開始します。ビーコン領域内に入ると距離の測定が行われ、測定結果が**図A-16**のように一覧表示されます。

この表示例では、MajorとMinorの値が3つ表示されているので3個のiBeaconデバイスを検出していることがわかります。iOS版では、距離が4段階（Immediate、Near、Far、Unknown）で通知されています。

また、iOS版では「accuracy」、Andoid版では「Distance」という項目に表示されている数値は、距離をm（メートル）で表現したものです。iOS版では近い順に並び、Android版では遠い順に並んでいるという違いもわかります。

この測定中の画面は、約1秒間隔で更新さ

○図A-12　ビーコン領域の観測中

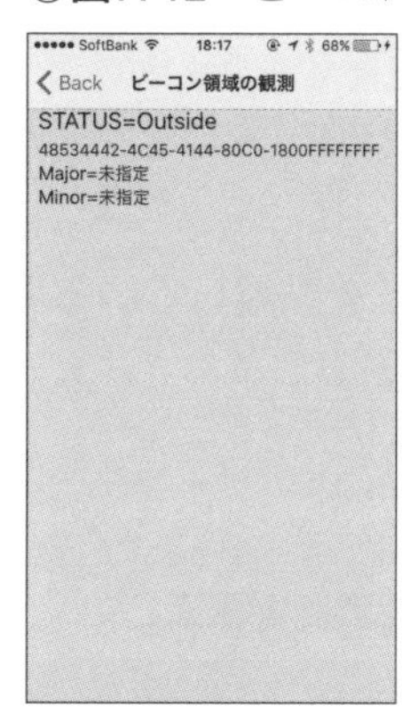

iOS版

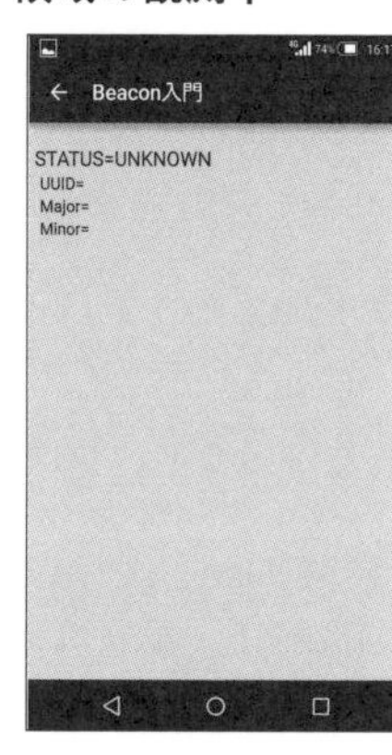

Android版

○図A-13　ビーコン領域に入ったとき

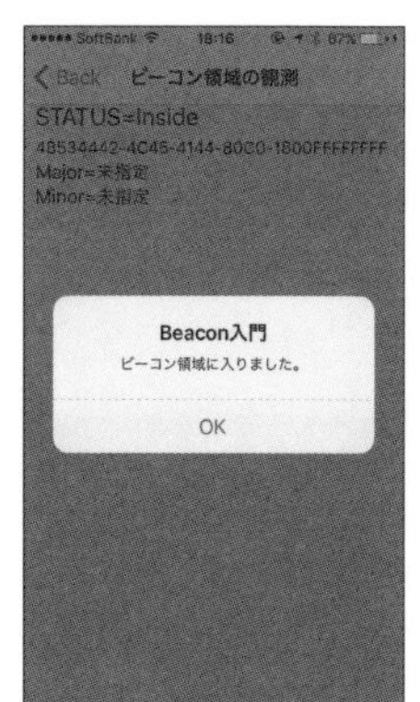

iOS版

Android版

○図A-14　ビーコン領域から出たとき

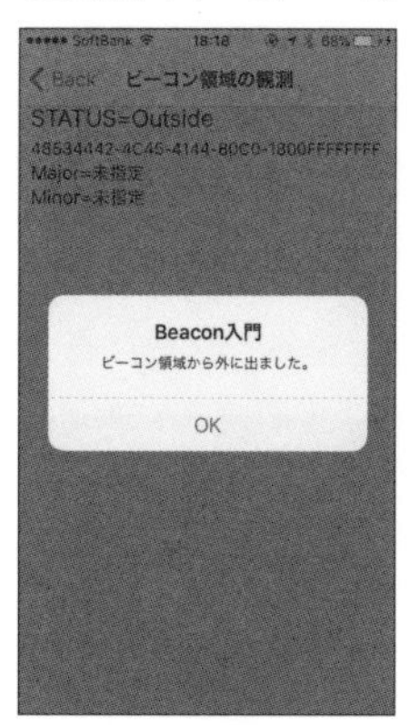

iOS版

Android版

れます。iOSの位置情報サービス、Android版で使用しているAltBeaconライブラリが約1秒間隔で測定結果をアプリに通知しています。

この機能を使用すると、iBeaconデバイスの信号から距離を割り出している間隔とその精度を体験できます。

ビーコン受信＋MAP

ホーム画面から「ビーコン受信+MAP」をタップすると、ビーコン受信＋MAP（説明）画面（**図A-17**）が表示されます。この機能は、ビーコン領域の観測と距離測定に、GPSによる位置測位を組み合わせています。iBeaconデバイスとの距離測位ができると、地図上にピン（マーカー）を表示します。このとき、もっとも近いiBeaconデバイスに緯度経度を関連づけてログとして記録しています。

「実行」ボタンをタップすると観測を開始します。ビーコン領域内に入ると距離の測定を行います。GPSによる位置測位ができているとその緯度経度にピン（マーカー）が表示されます（**図A-18**。iBeaconデバイスが未検出の場合は東京駅周辺が表示されます）。GPSによる位置測位が失敗して緯度経度が取得できていない場合は、0,0（大西洋）を中心とした地図が表示されてしまう場合もあります。

この機能では次の2種類のケースを体感することができます。

◆ iBeaconデバイスを設置している場合

iBeaconデバイスを設置しておき、ビーコン信号が届かない範囲から近づいていきます。信号が届くと、地図にピン（マーカー）が表示されログに記録されます。これは、お店や施

○図A-15　ビーコン距離測定画面

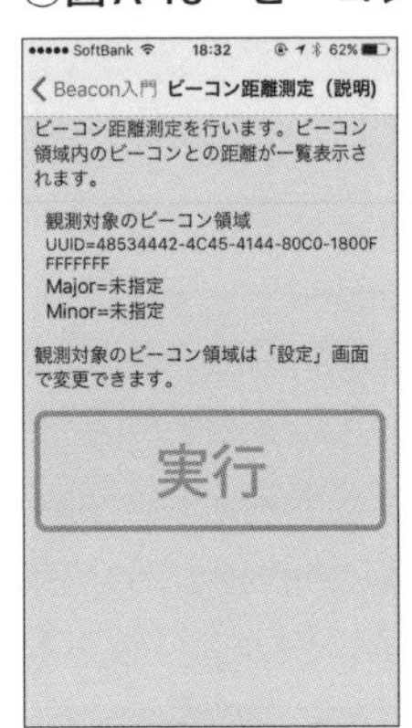

iOS版

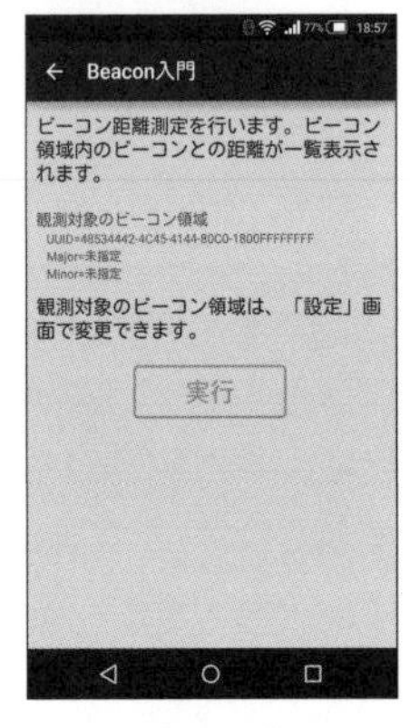

Android版

○図A-16　ビーコン距離を測定中

iOS版　　Android版

※この画像は、3つのiBeaconデバイスをそれぞれ15cm、約1m、約3mの距離に置いて計測したものです（屋内で、障害物もあります）。m単位の距離が遠くなるほど誤差が大きくなっていますが、この数値も約1秒間隔の更新で変化しています。

設などにiBeaconデバイスが設置されている状態です。

◆ iBeaconデバイスを持ち歩く場合

iBeaconデバイスをポケットなどに入れた状態で実行すると、地図上に自分のいる場所が表示されます。この状態で周囲を歩くと、その軌跡がピンとして表示されていきます。アプリを動かしている状態のスマートフォンやタブレットを置いておき、iBeaconデバイスを持って近づいみることで、ビーコンデバイスを人が持ち歩いている状態を表すことができます。

ログの確認

ホーム画面から「ログの確認」をタップすると、ログの確認画面（**図A-19**）が表示されます。ビーコン受信＋MAP機能で記録したログを確認したり、メールで送信できます。

「ログを一覧で確認」ボタンをタップすると、記録されているログデータを一覧で確認できます（**図A-20**）。

「ログをメールで送信」ボタンをタップすると、端末のメールソフトが起動します（**図A-21**）。端末の設定によってはメールソフトの選択画面が表示される場合があるので、使用しているメールソフトを選択してください。メールの本文にはCSVデータ形式に変換したログデータが貼り付けられているので、宛先を入力して送信してください。

ここで送信したメールをパソコンなどで受信し、受信した本文からデータ部分を切り出したものを .csvという拡張子で保存してください。この手順で作成したCSVファイルを使うと第6章で説明したCartoDBで簡単に可視化できます。

「ログをクリア」ボタンをタップすると記録されているログデータを消去できます。クリアに成功するとダイアログ（**図A-22**）が表示されます。

○図A-17　ビーコン受信＋MAP

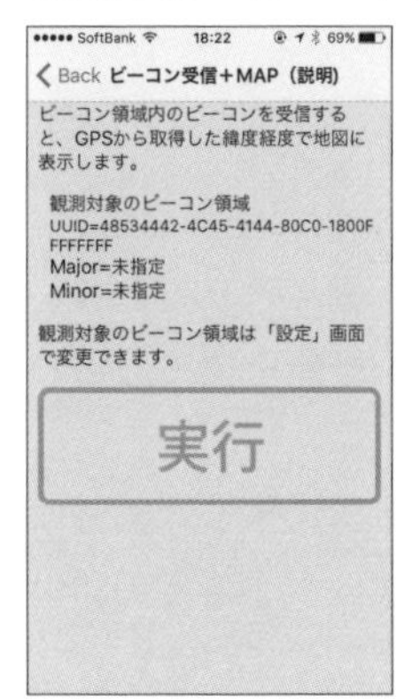

iOS版

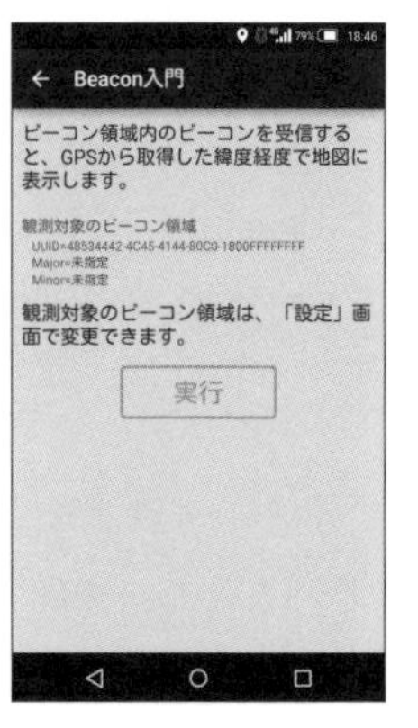

Android版

○図A-18　地図表示（例）

iOS版

Android版

◯図A-19　ログの確認画面

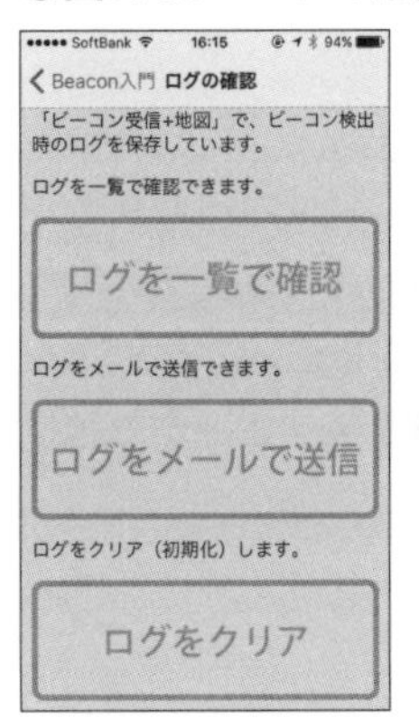

iOS版

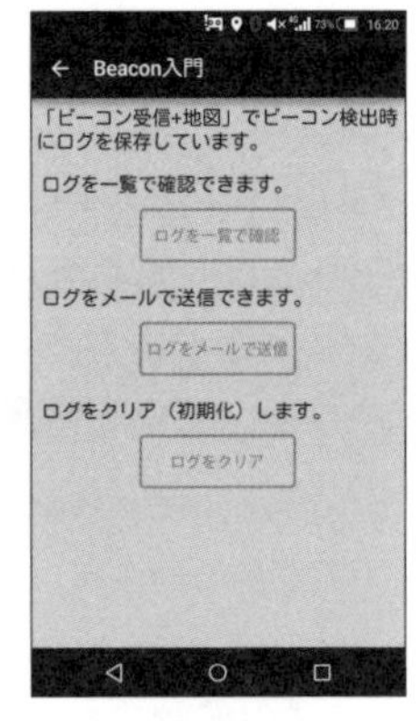

Android版

◯図A-20　ログを一覧で確認

iOS版

Android版

◯図A-21　ログをメールで送信

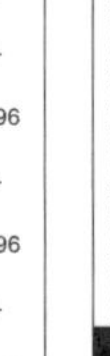

iOS版

Android版

◯図A-22　ログをクリア

iOS版

Android版

ビーコン発信（iOS版のみ）

iOS版のホーム画面の「ビーコン発信」ボタンをタップすると、ビーコン発信（説明）画面（**図A-23**）が表示されます。

この機能は、iOSデバイスに搭載されたBLEを使ってビーコン信号を発信できます。iBeaconデバイスが入手できない場合は、この機能でiBeaconデバイスの代用にできます。

MajorとMinorの欄には、発信するビーコン信号のMajor値とMinor値（それぞれ0～65535の数値）を指定します。発信するUUIDを変更する場合は「設定」機能を使用してください。

実行ボタンを押すとビーコン発信画面（**図A-24**）が表示されます。初期状態では緑色の矢印が表示されています。この状態は信号を発信していません。矢印をタップすると矢印の色が変化して発信が始まります。停止する場合にはもう一度矢印をタップしてください。

○図A-23　ビーコン発信（説明）画面

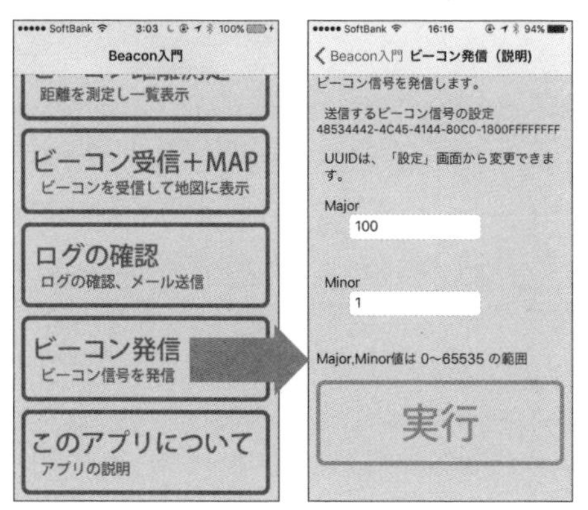

○図A-24　ビーコン発信画面

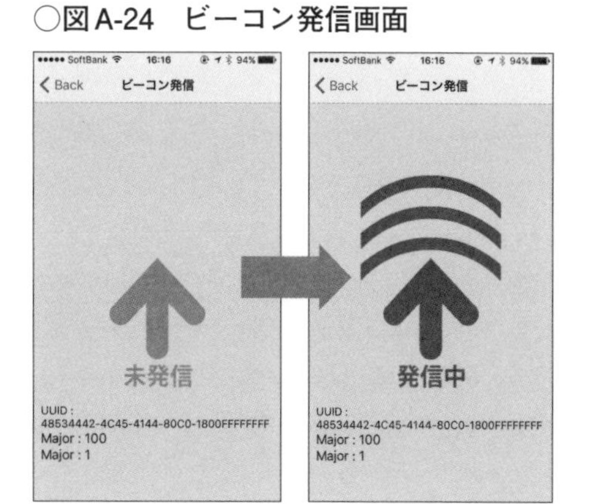

A1.7 おわりに

本アプリはiBeaconをなるべくシンプルに体験できるように考えて開発しました。実際に体験すると、アプリからiBeaconデバイスをどのように使えるかがイメージできると思います。ぜひ、アプリをインストールして体験してみてください。

Appendix

Appendix 2 まちなかBeacon普及協議会

第10章で説明した「まちビーコン」構想などを検討している「まちなかBeacon普及協議会」を紹介します。

A2.1 はじめに

まちビーコン協議会（正式名称：まちなかBeacon普及協議会）は、iBeaconをはじめとした近距離無線技術やさまざまなセンシング技術を社会インフラとして活用していくために、会員が協調して協議、検討を行うために設立した団体です。

- まちなかBeacon普及協議会
  http://townbeacon.org/

A2.2 協議会を設立した意図

iBeaconがiOSに正式搭載されることが発表された後、O2O（Online to Offline）の技術として、またIoT（Internet of Things）の技術として、iBeaconが注目されました。

2014年頃、米国から大手スーパーマーケットチェーンや大リーグのスタジアムでの実用化が進んでいるというニュースが届く中で、日本国内でも大手企業がiBeaconを活用した実証実験を行うニュース記事を目にするようになりました。

しかし、日本国内では、実証実験が終わると実証実験のシステムやサービスが停止されてしまい、本格的な実用を始めたというニュース記事は、ほとんど見ることがありませんでした。

iBeaconをはじめとした近距離無線技術やセンシング技術を活用することで、さまざまな社会的な課題の解消や解決ができます。そのためには、地域社会（まち）の課題をニーズとして引き出し、そのニーズに対して、地域社会、有識者、メーカー、アプリ開発会社、サービス提供会社などが協調して協議、検討することが必要です。

このような考えに賛同した、企業、団体、地域の方を中核として、2015年4月に「まちなかBeacon普及協議会」を設立しました。

A2.3 協議会の目的

本協議会では、目的を次のように定義しています。

> *ビーコンを社会インフラとして利活用するための課題を解決するために、会員が協調して協議、検討を行う領域と、会員が切磋琢磨して競争する領域を、柔軟に調整することで、さらなるビーコンの普及と利活用を促進することを目的とする。*

近距離無線技術やセンシング技術は、社会的な課題を解消、解決するためのするためのインフラ技術の1つとして考えています。この技術を企業の囲い込みの道具として利用するのではなく、社会インフラとして相互に利用できることが理想と考えます。

そこで本協議会では、会員である企業や団体、個人が、協調して協議・検討を行える場として、部会活動、共同事業、Beacon相互利用などを推進しています。

また、協調するだけではなく会員同士が切磋琢磨することで、企業、団体、個人が成長できると考え、各社のアプリ、ソリューション、サービスについては競争をしていく領域と捉えています。

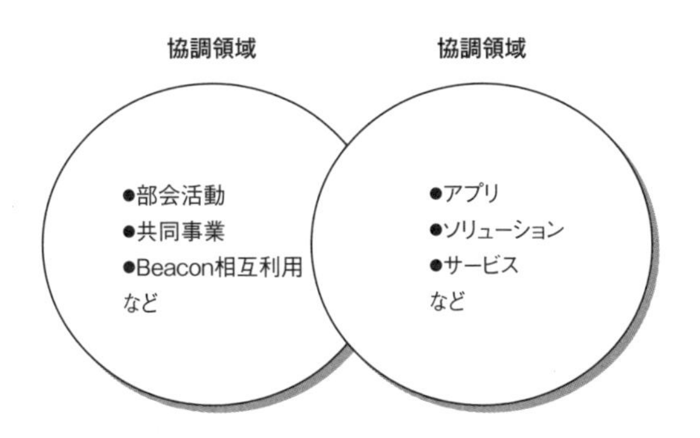

このようにして協調していく領域と競争していく領域を柔軟に調整することで、さらにビーコンが普及して活用されていくと考えています。

本協議会では、2ヵ月に一度の割合で全体会議を開催しています。この会議の場では部会活動の報告や議論、新規会員の紹介、情報交換、各社の取り組みを紹介しています。

A2.4 部会活動

本協議会ではテーマに合わせた4つの部会に分けて協議、検討しています。さらに、部会の中で必要に応じてワーキンググループを立ち上げています。部会ごとに集まって会議を行う場もありますが、日常的な協議や検討はオンラインで行っています。

技術部会

技術的な課題の解決に向けて検討する部会です。この部会の主なテーマの1つが第10章で紹介した「まちビーコン」の構想であり、実現に向けた設計や開発作業などを行っています。

今後は、ビーコンを活用するためのアイデアソン・ハッカソンの開催、開発者向けセミナーなどを開催する予定です。

調査・研究部会

ビーコン活用のための社会的な課題について検討する部会です。地域社会（まち）の課題をニーズとして引き出すためのヒアリングや調査などを行っています。また、課題についてのブレインストーミングも行われています。

ビジネス部会

ビジネス的な課題の解決に向け検討する部会です。ビーコンを事業として推進し成功させるには、ビジネスモデルが重要です。また「まちビーコン」そのもののビジネスモデルなども検討しています。

広報部会

広報や宣伝に関して検討する部会です。ビーコンの普及にはビーコンを周知する必要があり、そのための活動を推進しています。具体的には、協議会ホームページの整備、共同でのニュースリリース記事の配信などがあります。また、将来的には展示会への共同出展も検討しています。

A2.5 会員構成

本協議会の会員構成（2016年3月現在）は次のとおりです。

- 一般会員：法人・個人

法人、個人を対象としています。年会費は法人の場合10万円、個人は1万円です。個人には入会時にビーコンのサンプル品を差し上げています。

- 準会員：法人

これからビーコン事業に参入する企業様等を対象としています。年会費は3万円です。3年以内に一般会員になるか退会するかを決めていただきます。

- 団体会員

国、地方公共団体、商店街連合会、商工会、商店街組合、商店会、観光協会・連盟、大学、NPO法人などを対象としています。年会費は無料です。

- 賛助会員

本協議会の主旨や目的等に賛同の上、賛助していただける方を対象としています。一口5万円です。

2016年4月現在、一般会員（10社）、団体会員（2団体）で活動しています。最新の会員一覧はホームページを参照ください。

A2.6 おわりに

会員は随時募集しています。興味のある法人、個人、団体の方はホームページの入会案内から申し込み書をダウンロードして、事務局まで送付してください。

不明な点があればホームページを通じてお問い合わせください。

参考Webサイト

- **Getting Started with iBeacon（日本語版）**
  https://developer.apple.com/jp/documentation/LocationAwarenessPG.pdf
- **Location and Maps Programming Guide（英語）**
  https://developer.apple.com/library/prerelease/ios/documentation/UserExperience/Conceptual/LocationAwarenessPG/Introduction/Introduction.html
  iBeaconに関するApple社のドキュメントです。ビーコンアプリ開発に取り組む前にご一読ください。
- **iOS Developer Library**
  https://developer.apple.com/library/ios/navigation/
  クラスなどの仕様は、クラス名で検索できます。第4章で使用しているクラスは「CLLocationManager」「CLBeaconRegion」「CLBeacon」「MKMapView」「MKPointAnnotation」「CLLocationManagerDelegate」「CBPeripheralManager」「CBPeripheralManagerDelegate」です。
- **Android開発者向け情報**
  https://developer.android.com/intl/ja/develop/
  Android Studioの入手やクラスライブラリなどのドキュメントです。
- **AltBeacon**
  http://altbeacon.org/
  iBeacon対応のAndroidアプリで使用するAltBeaconライブラリの公式サイトです。第5章で使用しているライブラリの仕様なので、リファレンスとして活用ください。
- **Android用AltBeaconライブラリ（GitHub）**
  https://github.com/AltBeacon/android-beacon-library
- **Eddystoneの資料**
  https://github.com/google/eddystone/tree/master/eddystone-uid
  https://github.com/google/eddystone/tree/master/eddystone-url
  https://github.com/google/eddystone/tree/master/eddystone-tlm
- **Physical Webの情報サイト**
  https://google.github.io/physical-web/
- **道路交通情報通信システムセンター：FM多重放送とビーコン**
  http://www.vics.or.jp/know/structure/beacon.html
- **総務省「オープンデータ戦略の推進」**
  http://www.soumu.go.jp/menu_seisaku/ictseisaku/ictriyou/opendata/index.html
- **OPEN DATA HANDBOOK（日本語訳）**
  http://opendatahandbook.org/ja/what-is-open-data/
- **Open Definition**
  http://opendefinition.org/od/
- **日本地名のURI基盤**
  http://geonames.jp/
- **公益財団法人 日本心臓財団「AEDの普及情報」**
  http://www.jhf.or.jp/aed/spread.html
- **AEDオープンデータプラットフォーム**
  http://hatsunejournal.azurewebsites.net/w8/AEDOpendata/
- **一般財団法人 マルチメディア振興センター「Lアラート」**
  http://www.fmmc.or.jp/commons/
- **BeaconLabo**
  http://beaconlabo.com/

索引

ナ行

ハ行

マ行

ラ行

■著者プロフィール
市川 博康（いちかわ ひろやす）

スマートリンクス開発責任者、まちなかビーコン普及協議会 事務局
1987年、富士通の子会社に入社。2002年に独立後はオープン系、Web系SEとして各種システム開発を経て、自動車旅行推進機構、観光情報流通機構などでの観光情報の標準化活動や地域振興プロジェクトに参加。2012年にGPSを用いた商店街振興プラットフォーム「まっちとくポン」を開発し、スマートートリンクスを設立、現在に至る。現在は、スマートフォンなどのモバイルデバイス、iBeaconをはじめとした ビーコン技術を用いて社会的な課題を解決することを目指し活動中。

竹田 寛郁（たけだ ひろふみ）

㈱ジンジャーウェーブ代表取締役、まちなかビーコン普及協議会 技術部会
大型汎用機・スーパーコンピュータのファームウェア開発担当、Linuxディストリビューションの開発エンジニアの職を経て2001年より現職。現在は、フレームワークを用いたWebアプリケーションの開発を主に行っている。OSのインストール、データベースの設計、CSSの修正までなんでもやるが、「技術的におもしろそうな仕事しか受けない」を信条としている。オフシーズンにこっそり海外に世界遺産を観に行くのが趣味。

◆装丁　大山真葵（ごぼうデザイン事務所）
◆本文イラスト　須藤裕子
◆本文デザイン／レイアウト　朝日メディアインターナショナル㈱
◆編集　取口敏憲
◆本書サポートページ
http://gihyo.jp/book/2016/978-4-7741-8037-3
本書記載の情報の修正・訂正・補足については、当該Webページで行います。

■お問い合わせについて
本書に関するご質問については、本書に記載されている内容に関するもののみとさせていただきます。本書の内容と関係のないご質問につきましては、一切お答えできませんので、あらかじめご了承ください。また、電話でのご質問は受け付けておりませんので、FAXか書面にて下記までお送りください。

<問い合わせ先>
〒162-0846　東京都新宿区市谷左内町21-13
株式会社技術評論社　雑誌編集部
「[iBeacon & Eddystone] 統計・防災・位置情報がひと目でわかるビーコンアプリの作り方」係
FAX：03-3513-6173

なお、ご質問の際には、書名と該当ページ、返信先を明記してくださいますよう、お願いいたします。
お送りいただいたご質問には、できる限り迅速にお答えできるよう努力いたしておりますが、場合によってはお答えするまでに時間がかかることがあります。また、回答の期日をご指定なさっても、ご希望にお応えできるとは限りません。あらかじめご了承くださいますよう、お願いいたします。

[iBeacon & Eddystone] 統計・防災・位置情報がひと目でわかるビーコンアプリの作り方

2016年5月25日　初　版　第1刷発行

著　者　市川博康、竹田寛郁

発行者　片岡　巌
発行所　株式会社技術評論社
東京都新宿区市谷左内町21-13
TEL：03-3513-6150（販売促進部）
TEL：03-3513-6177（雑誌編集部）
印刷／製本　港北出版印刷株式会社

ISBN978-4-7741-8037-3 C3055

Printed in Japan